Christian Schlieder

Autodesk® Inventor® 2016
Einsteiger-Tutorial

Viele praktische Übungen am
Konstruktionsobjekt HYBRIDJACHT

I0498912

Christian Schlieder

Autodesk® Inventor® 2016
Einsteiger-Tutorial

Viele praktische Übungen am
Konstruktionsobjekt HYBRIDJACHT

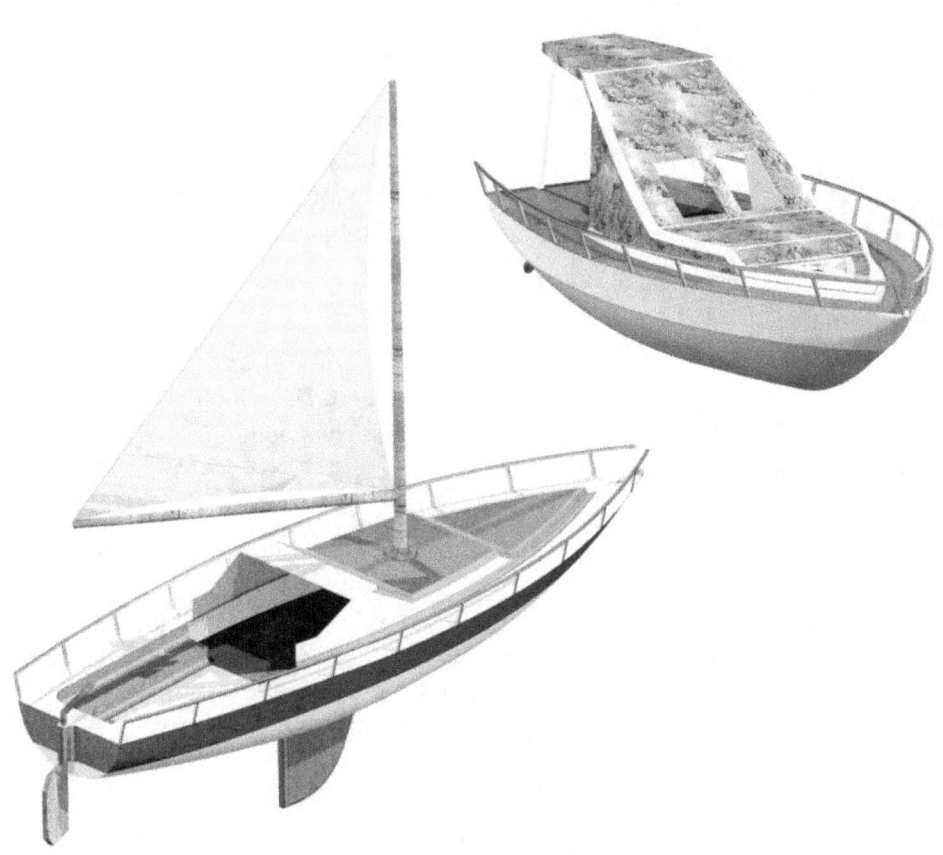

Verfügbare Literatur

Autodesk® Inventor® - Grundlagen in Theorie und Praxis

Das Grundlagenbuch vermittelt das notwendige Basiswissen in den Bereichen 2D-Skizze, 3D-Modellierung, Baugruppe, Zeichnungserstellung und Präsentation, um den Aufbaukurs KONSTRUKTION bearbeiten zu können.

Autodesk® Inventor® - Aufbaukurs KONSTRUKTION

Dieses Buch ist ein Aufbaukurs für Fortgeschrittene, die mit den Grundlagen des Programms bereits vertraut sind. In einem komplexen Übungsbeispiel wird der 4-Takt-Motor aus dem Grundlagenbuch um ein komplettes Getriebe erweitert.

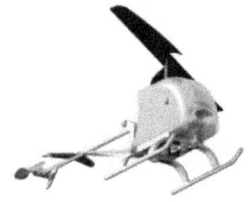

Autodesk® Inventor® - Tutorial HUBSCHRAUBER

In diesem Tutorial wird ein Hubschrauber konstruiert. Das Buch ist für Neueinsteiger geschrieben worden. Inhalt: Projektverwaltung, Skizzen, Modelle, Baugruppen, Inhaltscenter.

Autodesk® Inventor® - Tutorial HOLZRÜCKMASCHINE

In diesem Tutorial wird eine Holzrückmaschine konstruiert. Das Buch ist für Neueinsteiger geschrieben worden. Inhalt: Projektverwaltung, Skizzen, Modelle, Baugruppen, Inhaltscenter.

Autodesk® AutoCAD® - Grundlagen in Theorie und Praxis

Mit diesem Buch wird der Leser anhand des komplexen Übungsbeispiels Digitale Fabrikplanung das Programm Autodesk® AutoCAD® kennenlernen. Das Projekt wird im 2D-Bereich gezeichnet und danach in den 3D-Bereich übertragen.

Mehr im Internet unter:
http://www.cad-trainings.de/html/Literatur.html

Alle im Buch enthaltenen Informationen wurden nach bestem Wissen und Gewissen geprüft.

Da Fehler nicht ausgeschlossen werden können, übernehmen Autor und Verlag weder Verantwortungen, Verpflichtungen oder Garantien jeglicher Art, noch Haftung für die Benutzung der bereitgestellten Informationen. Autor und Verlag übernehmen keine Gewähr dafür, dass die beschriebenen Vorgehensweisen oder Verfahren frei von Rechten Dritter sind.

Das Werk ist urheberrechtlich geschützt. Übersetzung, Nachdruck, Vervielfältigung, sonstige Verarbeitung des Buches oder von Teilen daraus sind ohne Genehmigung des Autors nicht erlaubt.

Autodesk® Inventor® 2016 ist ein eingetragenes Markenzeichen von Autodesk, Inc. und/oder seiner Tochtergesellschaften und/oder der Tochterunternehmen in den USA und anderen Ländern.

© 2015 Christian Schlieder

ISBN

978-3-7347-7655-7

IMPRESSUM

Dipl.- Ing. Christian Schlieder
www.cad-trainings.de
Fax: +49 (0) 3212 - 1122290

HERSTELLUNG UND VERLAG

Books on Demand GmbH, Norderstedt
www.BoD.de

INHALTSVERZEICHNIS

1 Grundlegendes zum Buch — 7
   1.1 Zielgruppe und Aufbau des Buches — 7
   1.2 Erzeugen des Projektordners — 7

2 Installation von Autodesk® Inventor® 2016 — 8
   2.1 Systemanforderungen — 8
   2.2 Anforderungen an das Betriebssystem — 9
   2.3 Download des Programms — 9
   2.4 Installationsvoraussetzungen — 10
   2.5 Installation von Autodesk® Inventor® 2016 — 11
   2.6 Aktivierung von Autodesk® Inventor® 2016 — 11

3 Programmaufbau und Programmoberfläche — 13
   3.1 Programmaufbau — 13
   3.2 Hauptmenü — 14
   3.3 Schnellzugriff-Werkzeuge — 15
   3.4 Multifunktionsleiste — 15
   3.5 Modellbaum (Browser) — 16
   3.6 Arbeitsbereich — 17
      3.6.1 Startbildschirm — 17

4 Die ersten Schritte — 18
   4.1 Programmhilfe und Neue Funktionen — 18
   4.2 Videos und Lernprogramme — 19
   4.3 Zusatzmodule (empfohlene Einstellungen) — 20
   4.4 Anwendungsoptionen (empfohlene Einstellungen) — 21

5 Erstellen eines Einzelbenutzerprojekts — 31

6 Basisrumpf 33

6.1	Bauteil „Rumpf_Speedboot" erstellen	34
6.2	Ebenen mit Versatz erzeugen	35
6.3	XY-Ebene sichtbar machen	36
6.4	2D-Skizze auf 4. Arbeitsebene erzeugen	37
6.5	Achsen projizieren und als Konstruktionsobjekte definieren	37
6.6	Zeichnen der ersten Linien mittels dynamischer Werteeingabe	38
6.7	2D-Skizze auf 3. Arbeitsebene erzeugen	39
6.8	1. Skizze ausblenden, Hauptachsen projizieren	40
6.9	Linienkonturen zeichnen, bemaßen und abhängig machen	40
6.10	2D-Skizze auf 2. Arbeitsebene erzeugen	42
6.11	2D-Skizze auf 1. Arbeitsebene erzeugen	43
6.12	2D-Skizze auf XY-Ebene erzeugen	44
6.13	2D-Skizzen einblenden, Ebenen ausblenden	45
6.14	Volumenkörper als Erhebung erzeugen	45
6.15	Volumenkörper abrunden (variable Rundung)	46
6.16	Volumenkörper spiegeln	48

7 Aufbauten (Speedboot) 49

7.1	2D-Skizze für Basiskörper zeichnen	50
7.2	Basiskörper extrudieren	51
7.3	2D-Skizze für Differenzkörper zeichnen	52
7.4	Differenzkörper extrudieren	53
7.5	Aufbauten abrunden (konstante Rundung)	53
7.6	Trennebene erzeugen	54
7.7	Volumenkörper in zwei Hälften teilen	54
7.8	Kopie der Datei als „Rumpf_Segelboot" speichern	55
7.9	Aufbauten mit einer Wandstärke versehen	55
7.10	Ebene für neue 2D-Skizze erzeugen	56

	7.11	2D-Skizze für Lüftungsöffnungen zeichnen	56
	7.12	Lüftungsöffnung einfügen	59
	7.13	Bugspitze mit einer Kugel versehen	60
	7.14	Ebene für neue 2D-Skizze erzeugen	61
	7.15	2D-Skizze für Dachverstrebung zeichnen	61
	7.16	Dachverstrebung als Rippe erzeugen	62
	7.17	Dachverstrebung spiegeln	63
	7.18	2D-Skizze für Fensteraussparungen erzeugen	64
	7.19	Fensteraussparungen extrudieren	65
	7.20	Farben zuweisen	65
	7.21	Ebenen ausblenden, Datei speichern	66
8	**Aufbauten (Segelboot)**		**67**
	8.1	Bauteil „Rumpf_Segelboot" öffnen	68
	8.2	Bugspitze mit einer Kugel versehen	68
	8.3	2D-Skizze für Materialschnitt zeichnen	69
	8.4	Materialschnitt erzeugen	70
	8.5	2D-Skizze für Sitzecke zeichnen	71
	8.6	Bodenbereich der Sitzecke extrudieren	72
	8.7	2D-Skizze reaktivieren, Sitzbereich extrudieren	73
	8.8	Verschieben einer Fläche	74
	8.9	Aufbauten mit Wandstärke versehen	74
	8.10	Sitzbereich abrunden	75
	8.11	2D-Skizze für Ruderhalterung zeichnen	76
	8.12	Ruderhalterung extrudieren	78
	8.13	Ruderhalterung abrunden	78
	8.14	2D-Skizze für das Schwert zeichnen	79
	8.15	Schwert extrudieren	80
	8.16	Schwert abrunden	80

	8.17	2D-Skizze für die Masthalterung zeichnen	81
	8.18	Masthalterung als Drehobjekt erzeugen	83
	8.19	Farben zuweisen, Datei speichern und schließen	83
9	**Ruder und Pinne**		**84**
	9.1	Bauteil „Ruder" erstellen	85
	9.2	Basisskizze des Ruders zeichnen	86
	9.3	Ruder extrudieren	87
	9.4	Pinne als Quader erzeugen	87
	9.5	Ruderblatt fasen	88
	9.6	Pinne abrunden	89
	9.7	Pinne mit Gewinde versehen	89
	9.8	Ruderblatt abrunden	90
	9.9	Farben zuweisen, Datei speichern und schließen	90
10	**Schiffsschraube**		**91**
	10.1	Bauteil „Schiffsschraube" erstellen	92
	10.2	Ebenen mit Versatz erzeugen	93
	10.3	Erste 2D-Skizze zeichnen	94
	10.4	Zweite 2D-Skizze zeichnen	95
	10.5	Dritte 2D-Skizze zeichnen	96
	10.6	Flügel der Schiffsschraube als Erhebung erzeugen	97
	10.7	Flügel polar anordnen	98
	10.8	Zentralen Kugelkopf erzeugen	99
	10.9	Antriebswelle mittels Zylinder erzeugen	100
	10.10	Farben zuweisen, Datei speichern und schließen	100

11 Mast, Baum und Segel — 101

- 11.1 Bauteil „Mast_Baum_Segel" erstellen — 102
- 11.2 Basisskizze des Masts zeichnen — 103
- 11.3 Mast extrudieren — 104
- 11.4 Basisskizze des Baums zeichnen — 104
- 11.5 Baum extrudieren — 105
- 11.6 Basisskizze des Segels zeichnen — 106
- 11.7 Segel als Flächenelement (Umgrenzungsfläche) erzeugen — 108
- 11.8 Farben zuweisen, Datei speichern und schließen — 108

12 Baugruppe „BG_Speedboot" — 109

- 12.1 Baugruppe „BG_Speedboot" erzeugen — 110
- 12.2 Bauteile platzieren — 111
- 12.3 „Rumpf_Speedboot" innerhalb der Baugruppe bearbeiten — 112
- 12.4 Bohrung für Antriebswelle in den Rumpf einbringen — 112
- 12.5 Bohrung für Antriebswelle spiegeln — 113
- 12.6 Ausrichtung der Schiffsschraube optimieren — 114
- 12.7 Antriebswelle in Bohrung platzieren — 114
- 12.8 Schiffsschraube spiegeln — 116
- 12.9 Bauteil „Reling.ipt" aus der Baugruppe heraus erstellen — 117
- 12.10 Erste 2D-Skizze zeichnen — 118
- 12.11 Zweite 2D-Skizze zeichnen — 119
- 12.12 Sweepen der Strebe — 120
- 12.13 3D-Skizze für Anordnung erstellen — 121
- 12.14 Strebe entlang der Rumpfkante anordnen — 121
- 12.15 2D-Skizze für Handgriff zeichnen, 3D-Skizze reaktivieren — 122
- 12.16 Handgriff sweepen — 123
- 12.17 Reling spiegeln — 124
- 12.18 Farben zuweisen, Datei speichern — 125

13 Baugruppe „BG_Segelboot" — 126

- 13.1 Baugruppe als „BG_Segelboot" speichern — 127
- 13.2 Schiffsschrauben aus Baugruppe entfernen — 127
- 13.3 Reling-Höhe bearbeiten — 127
- 13.4 „Rumpf_Speedboot" durch „Rumpf_Segelboot" ersetzen — 128
- 13.5 Bauteil „Mast_Baum_Segel" und „Ruder" platzieren — 129
- 13.6 Mast platzieren — 129
- 13.7 Ruder am Heck befestigen — 130
- 13.8 Baugruppe sichern — 131

14 Rendern der Baugruppe — 132

15 Schlusswort — 133

16 Index — 134

1 Grundlegendes zum Buch

1.1 Zielgruppe und Aufbau des Buches

Dieses Übungsbuch für **Autodesk® Inventor® 2016** richtet sich an alle interessierten Personen, die den Umgang mit dieser Software von Grund auf erlernen möchten.

Viele wichtige Befehle des Programms werden erläutert und in kleinen Schritten praktisch gefestigt. Als Übungsbeispiel dient eine Hybridjacht, deren Bauteile schrittweise erzeugt und später in zwei Hauptbaugruppen miteinander verbunden werden.

1.2 Erzeugen des Projektordners

Bevor Sie mit der Umsetzung des Projekts beginnen, sollten die folgenden Arbeiten erledigt werden:

Erzeugen eines neuen Projektordners

Erstellen Sie auf Ihrem PC an geeigneter Stelle einen neuen Ordner:

➤ *Inventor-2016-Hybridjacht*

Dieser Ordner soll als Speicherort des gesamten Projekts dienen.

2 Installation von Autodesk® Inventor® 2016

2.1 Systemanforderungen

Die folgenden von Autodesk® empfohlenen Systemanforderungen gelten für Bauteile und Baugruppen mit weniger als 1000 Bauteilen:

Betriebssystem	Mindestens: 32-Bit Microsoft® Windows® 7 mit Service Pack 1 Empfohlen: 64-Bit-Microsoft® Windows® 7 mit Service Pack 1 oder Windows 8. 1
CPU-Typ	Mindestens: 64-Bit Intel® oder AMD® mit 2 GHz Empfohlen: Intel® Xeon® E3 oder Core® i7 oder min. 3 GHz
Arbeitsspeicher	Mindestens: 8 GB RAM Empfohlen: 16 GB Ram oder mehr
Festplatte	Mindestens: 100 GB freier Festplattenspeicher Empfohlen: 250 GB freier Festplattenspeicher oder mehr
Grafikkarte	Mindestens: Microsoft® Direct3D 10 fähige Grafikkarte Empfohlen: Microsoft® Direct3D 11 fähige Grafikkarte
Sonstiges	DVD-ROM oder USB, 1280 x 1024 oder höhere Bildschirmauflösung, Internetverbindung für Autodesk® 360-Funktionalität, Web-Downloads und Zugriff auf die Subskriptionsüberprüfung, Adobe® Flash® Player 15, Microsoft® Internet Explorer® 8 oder höher, Microsoft® Excel® 2007, 2010 oder 2013 für iFeatures, iParts, iAssemblies, Gewindeanpassungen, globale Stückliste, Teilelisten, Revisionstabellen und tabellenbasierte Konstruktionen, 64-Bit-Microsoft® Office® Access® 2007, -dBase IV, Text und CSV-Format, Microsoft® .NET Framework 4. 5

2.2 Anforderungen an das Betriebssystem

Die Installation von Autodesk® Inventor® 2016 erfordert ein Windows® Betriebssystem. Nutzer eines Apple® Betriebssystems, können das Programm mithilfe von Boot Camp® oder Parallels Desktop® unter Beachtung der folgenden Systemvoraussetzungen installieren:

Betriebssystem	Mindestens: Mac OS® X 10.9.x
	Empfohlen: Mac OS® X 10. 10.x
CPU-Typ	Mindestens: Intel® Core 2 Duo (3 GHz oder höher)
Arbeitsspeicher	Mindestens: 8 GB RAM
	Empfohlen: 16 GB Ram oder mehr
Partitionsgröße	Mindestens: 100 GB freier Festplattenspeicher
Partitionsgröße	Empfohlen: 250 GB freier Festplattenspeicher oder mehr
Betriebssystem	Empfohlen: Microsoft® 64-Bit-Windows® 7 mit Service Pack 1, Windows® 8. 1

2.3 Download des Programms

Sollten Sie die Software nicht bereits per DVD besitzen, haben Sie die folgenden Möglichkeiten, Autodesk®-Produkte unter den folgenden Links herunterzuladen:

Autodesk® Store	Wenn Sie die Programmversion kaufen möchten: ➤ http://www.autodesk.com/store/storeselect.htm
Autodesk®- Konto	Als Subscription-Kunde bei Ihrem Autodesk® Konto: ➤ https://accounts.autodesk.com/
Education Community	Als Mitglied der Education Community: ➤ http://www.autodesk.com/education/free-software/all
Kostenlose Testversionen	Als kostenlose Testversion mit 30 Tagen Laufzeit: ➤ http://www.autodesk.com/free-trials

Unter dem folgenden Link finden Sie weitere Informationen zu kostenlosen Programmversionen von Autodesk® für Studenten und Lehrkräfte:

➤ *http://help.autodesk.com/view/INVNTOR/2016/DEU/?guid=GUID-32F591DA-32BF-42F2-8FAC-DF215412D1C3*

2.4 Installationsvoraussetzungen

Zugriffsrechte

Sie müssen über lokale Benutzer-Administratorrechte verfügen.

> Systemsteuerung > Benutzerkonten > Benutzerkonten verwalten

System-Updates/ Antivirenprogramm

Vor der Installation von Autodesk® Inventor® 2016 sollten eventuell noch ausstehende Updates von Windows® durchgeführt werden. Starten Sie den Rechner danach neu. Antivirenprogramme müssen während der Installation eventuell vorübergehend deaktiviert werden.

Language Packs

Prüfen Sie vor der Installation von Autodesk® Inventor® 2016, ob die heruntergeladene Programmversion in der richtigen Sprache vorhanden ist. Eventuell muss vorab ein Sprachpaket heruntergeladen und installiert werden.

Seriennummer/ Produktschlüssel

Vor der Installation sollten Seriennummer und Produktschlüssel in Erfahrung gebracht werden. Diese werden bereits während der Installation benötigt (Ausnahme: kostenlose Testversion). Weitere Informationen zum Thema finden Sie unter dem Link:

> http://help.autodesk.com/cloudhelp/2016/DEU/Autodesk-Installaton/files/find_your_serial_number_and_product_key_evergreeninstall_to1.htm

Beenden anderer Programme

Beenden Sie alle anderen Programme vor der Installation von Autodesk® Inventor® 2016.

2.5 Installation von Autodesk® Inventor® 2016

Stellen Sie vor der Installation von Autodesk® Inventor® 2016 sicher, dass alle Teile des Programms vollständig vorhanden sind. Wurden diese vollständig heruntergeladen (Schritt entfällt, wenn die Software auf DVD vorhanden ist), kann mit der Installation begonnen werden. Sollte das Installationsprogramm noch nicht geöffnet sein, starten Sie dieses. Sie finden es für gewöhnlich im Pfad:

> ***C:\Autodesk\Inventor_2016_...\Setup.exe***

Nachdem Sie die Lizenzvereinbarung gelesen und akzeptiert haben, muss im Dropdown-Menü mit den Produktsprachen einer der folgenden Schritte durchgeführt werden:

1) Wählen Sie eine Sprache aus.
2) Wählen Sie unter Lizenztyp die Option **Einzelplatz**.
3) Geben Sie Seriennummer und Produktschlüssel ein (falls erforderlich).
4) Bestimmen Sie den Installationspfad (dieser Pfad darf maximal 260 Zeichen lang sein).
5) Übernehmen Sie die vorgegebene Konfiguration oder passen Sie die Installation an (weitere Informationen zur Konfiguration finden Sie in der Produktdokumentation).
6) Klicken Sie auf **Installieren**.
7) Nach der Installation: Klicken Sie auf **Fertig stellen**.

2.6 Aktivierung von Autodesk® Inventor® 2016

Online aktivieren und registrieren

Sobald Autodesk® Inventor® 2016 das erste Mal gestartet wurden, startet auch automatisch der Aktivierungsvorgang. Sollte der PC über eine bestehende Internetverbindung verfügen, führen Sie die folgenden Schritte aus:

1) Achten Sie darauf, dass Ihre Firewall den Datenaustausch zwischen Autodesk® Inventor® 2016 und dem Server von Autodesk® nicht unterbricht.
2) Starten Sie Autodesk® Inventor® 2016.
3) Stimmen Sie den Datenschutzrichtlinien zu.
4) Klicken Sie auf **Aktivieren**.
5) Geben Sie den Produktschlüssel ein, wenn Sie dazu aufgefordert werden sollten. Melden Sie sich an und registrieren Sie das Produkt.

Autodesk® überprüft jetzt die Berechtigungsinformationen, wie z. B. Ihre Seriennummer. Wenn Sie die Aktivierungsaufforderung sehen und keine Verbindung mit dem Internet herstellen können, ist die Aktivierung manuell vorzunehmen.

Manuelles Aktivieren und Registrieren (offline)

Sollte der PC über keine bestehende Internetverbindung verfügen, führen Sie die folgenden Schritte aus:

1) Starten Sie Autodesk® Inventor® 2016.
2) Stimmen Sie den Datenschutzrichtlinien zu.
3) Klicken Sie auf **Aktivieren**.
4) Wählen Sie Aktivierungscode **Mit einer Offlinemethode anfordern**.
5) Klicken Sie auf **Weiter**.
6) Notieren Sie die Aktivierungsinformationen, die auf dem Bildschirm angezeigt werden, einschließlich der URL.
7) Starten Sie ein Gerät mit einer bestehenden Internetverbindung.
8) Öffnen Sie die URL aus Punkt (6). Melden Sie sich an und registrieren Sie das Produkt.
9) Notieren Sie den Aktivierungscode.
10) Starten Sie Autodesk® Inventor® 2016.
11) Klicken Sie auf **Aktivieren**.
12) Wählen Sie die Option **Ich habe einen Aktivierungscode von Autodesk**.
13) Kopieren Sie den Aktivierungscode, und fügen Sie ihn in das erste Feld ein, um automatisch die anderen Felder auszufüllen.
14) Klicken Sie auf **Weiter**.

Weitere Informationen zu Installation und Aktivierung erhalten Sie unter dem folgenden Link:

> *http://knowledge.autodesk.com/customer-service/installation-activation-licensing*

3 Programmaufbau und Programmoberfläche

3.1 Programmaufbau

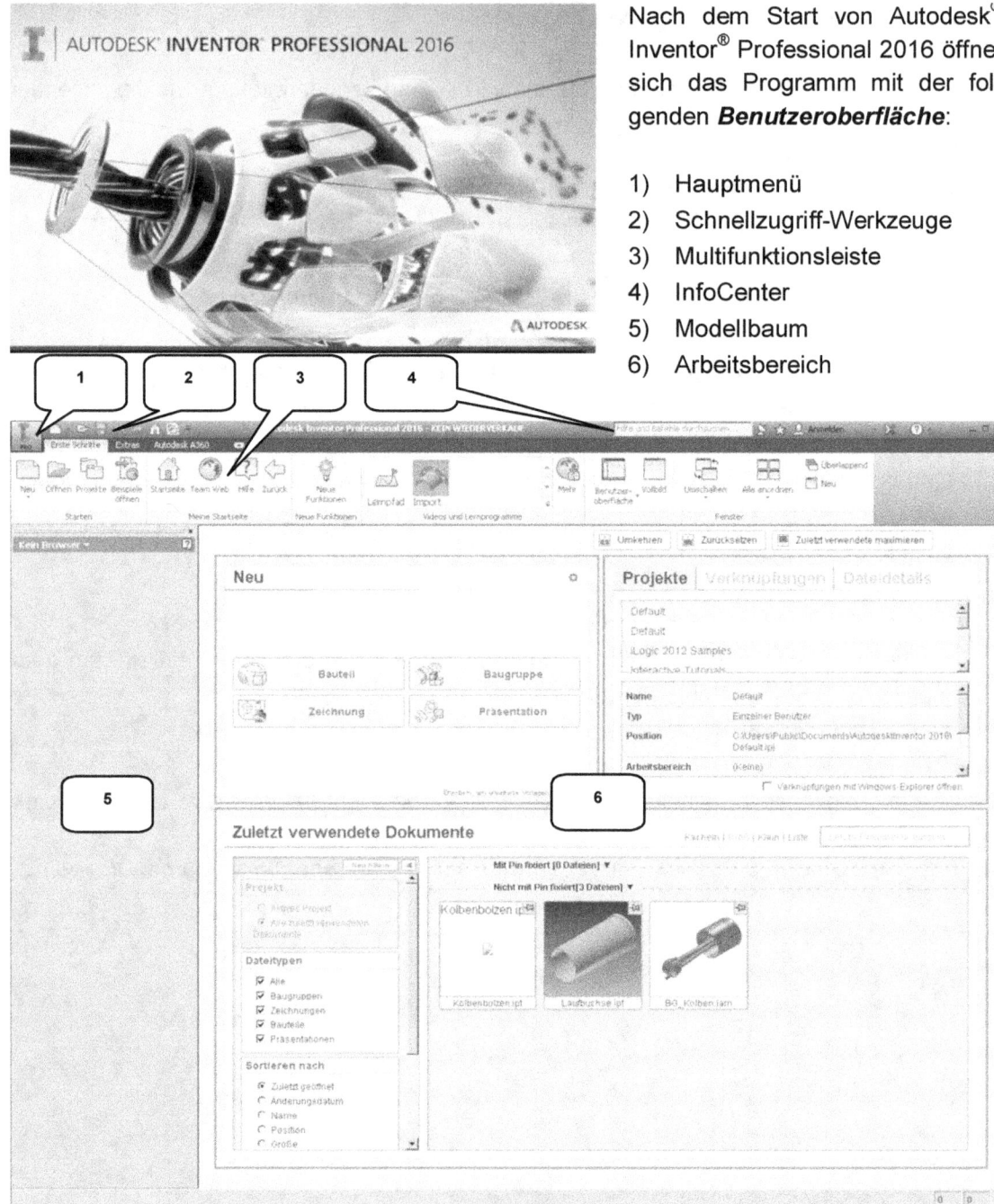

Nach dem Start von Autodesk® Inventor® Professional 2016 öffnet sich das Programm mit der folgenden **Benutzeroberfläche**:

1) Hauptmenü
2) Schnellzugriff-Werkzeuge
3) Multifunktionsleiste
4) InfoCenter
5) Modellbaum
6) Arbeitsbereich

3.2 Hauptmenü

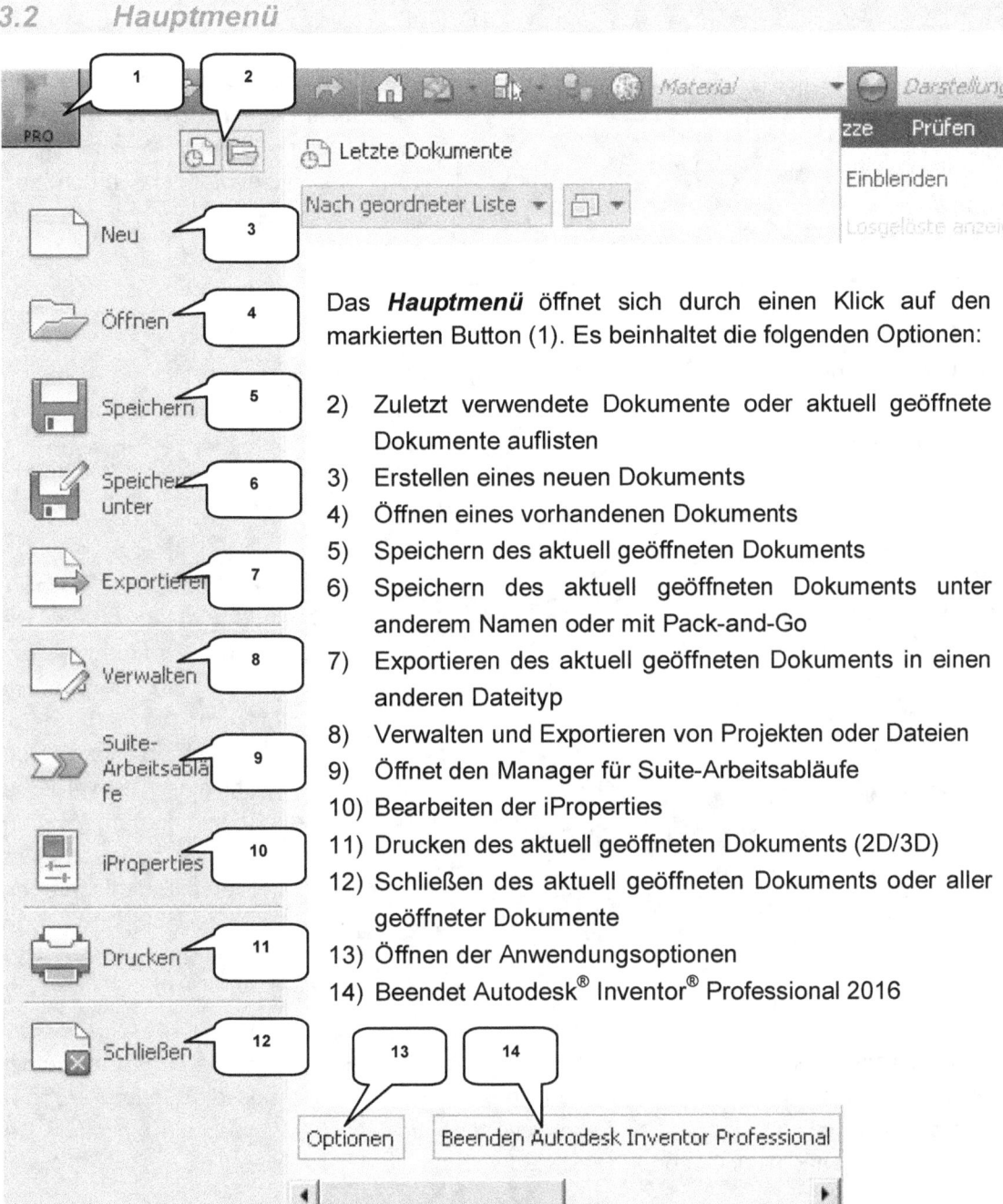

Das **Hauptmenü** öffnet sich durch einen Klick auf den markierten Button (1). Es beinhaltet die folgenden Optionen:

2) Zuletzt verwendete Dokumente oder aktuell geöffnete Dokumente auflisten
3) Erstellen eines neuen Dokuments
4) Öffnen eines vorhandenen Dokuments
5) Speichern des aktuell geöffneten Dokuments
6) Speichern des aktuell geöffneten Dokuments unter anderem Namen oder mit Pack-and-Go
7) Exportieren des aktuell geöffneten Dokuments in einen anderen Dateityp
8) Verwalten und Exportieren von Projekten oder Dateien
9) Öffnet den Manager für Suite-Arbeitsabläufe
10) Bearbeiten der iProperties
11) Drucken des aktuell geöffneten Dokuments (2D/3D)
12) Schließen des aktuell geöffneten Dokuments oder aller geöffneter Dokumente
13) Öffnen der Anwendungsoptionen
14) Beendet Autodesk® Inventor® Professional 2016

HINWEIS: Bleiben Sie mit dem Mauspfeil auf einem der Befehle (3...12) stehen, erscheinen dem Hauptbefehl zugeordnete weitere Befehle.

3.3 Schnellzugriff-Werkzeuge

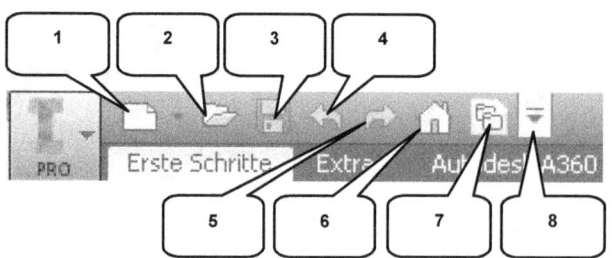

Die **Schnellzugriff-Werkzeuge** sind eine Ansammlung wichtiger und häufig verwendeter Befehle, welche einzeln ein- oder ausgeblendet werden können. Die folgenden Befehle befinden sich darin:

1) Erstellen einer neuen Datei
2) Öffnen einer vorhandenen Datei
3) Speichern der aktuell geöffneten Datei
4) Einen Arbeitsschritt zurück
5) Einen Arbeitsschritt vorwärts
6) Aktiviert die Startseite
7) Öffnet die Projektverwaltung
8) Schnellzugriff-Werkzeuge anpassen

3.4 Multifunktionsleiste

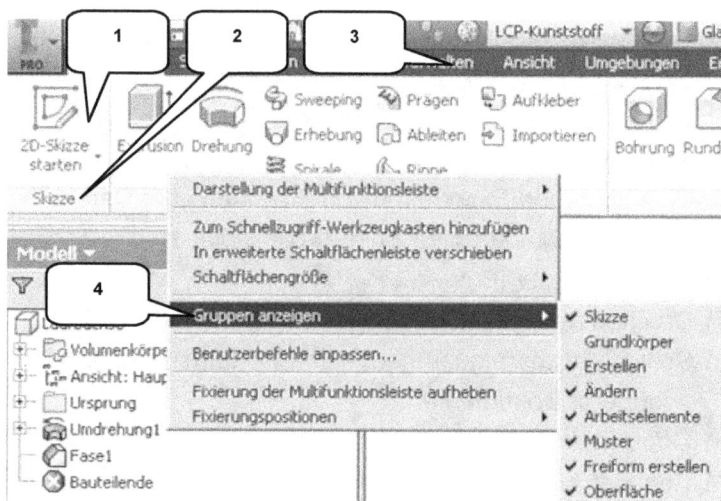

Die **Multifunktionsleiste** (1) befindet sich im oberen Bereich des Programms und beinhaltet verschiedene Befehlsgruppen (2), deren Inhalt entsprechend der Auswahl einer der verfügbaren Registerkarten (3) variiert. Jede Registerkarte enthält diverse Befehlsgruppen, welche beliebig ein- oder ausgeblendet werden können.

Um Befehlsgruppen ein- oder auszublenden, muss mit der **rechten Maustaste** auf einen beliebigen Punkt im Bereich der Multifunktionsleiste (1) geklickt und die Option **Gruppen anzeigen** (4) gewählt werden. In der erweiterten Auswahl (5), können die einzelnen Befehlsgruppen danach aktiviert oder deaktiviert werden.

HINWEIS: Sollten in diesem Buch Befehle verwendet werden, die Sie in Ihrer Multifunktionsleiste im entsprechenden Arbeitsbereich nicht finden können, kontrollieren Sie bitte, ob die entsprechende Befehlsgruppe aktiviert ist.

3.5 Modellbaum (Browser)

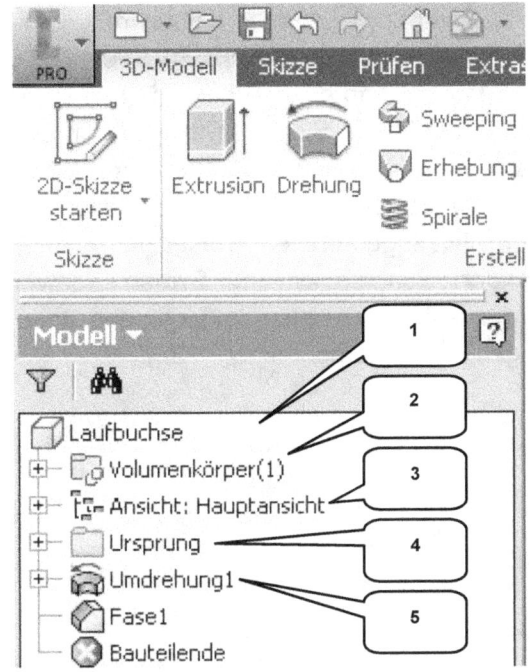

Der **Modellbaum** (Browser) (1) spiegelt den grundlegenden Aufbau eines Objekts wieder. Je nach Arbeitsbereich kann dieser inhaltlich variieren:

> ***Bauteil-Browser***

Im Bauteil-Browser befinden sich der Ordner **Volumenkörper** (2) (listet die Anzahl der einzelnen Volumenkörper eines Bauteils auf), der Ordner **Ansicht** (3) (speichert verschiedene Ansichten eines Bauteils) und der Ordner **Ursprung** (4) (beinhaltet die Achsen und Ebenen des Bauteils). Außerdem werden alle bereits am Bauteil vorgenommenen **Arbeitsschritte** (5) chronologisch aufgelistet und können hier bearbeitet oder gelöscht werden.

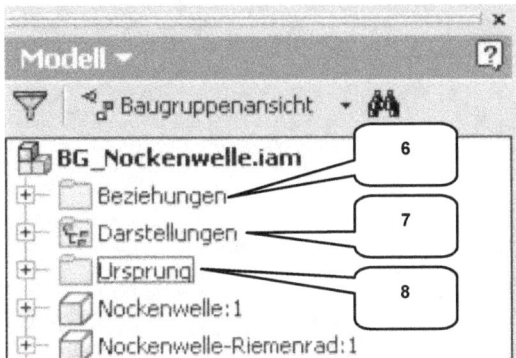

> ***Baugruppen-Browser***

Im Baugruppen-Browser befinden sich der Ordner **Beziehungen** (6) (listet alle in einer Baugruppe vorhandenen Abhängigkeiten auf), der Ordner **Darstellungen** (7) (beinhaltet Ansichten, Positionen und Detailgenauigkeiten) und der Ordner **Ursprung** (8). Außerdem werden alle in der Baugruppe vorhandenen Komponenten aufgelistet.

> ***Präsentations-Browser***

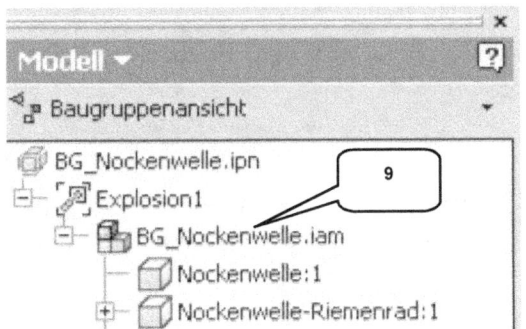

Im Präsentations-Browser ist die dargestellte Baugruppe (9) aufgelistet. Jedes in der Präsentation animierte Bauteil wird zusätzlich um die hinzugefügten Animationspfade ergänzt.

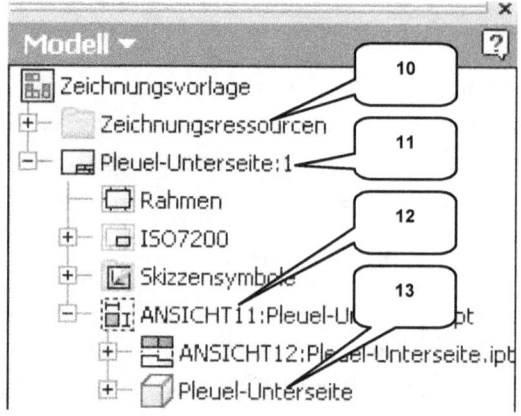

> **_Zeichnungs-Browser_**

Der Zeichnungs-Browser enthält den Ordner **Zeichnungsressorcen** (10) (beinhaltet Arbeitsblattformate, Ränder, Schriftfelder und vordefinierte Symbole) und alle, in der Datei vorhandenen **Zeichnungsblätter** (11). Jedes Zeichnungsblatt beinhaltet die dem Blatt zugeordneten Arbeitsblattformate, Ränder, Schriftfelder und Symbole sowie dargestellten Ansichten (12) mit den darin abgebildeten Komponenten (13).

3.6 Arbeitsbereich
3.6.1 Startbildschirm

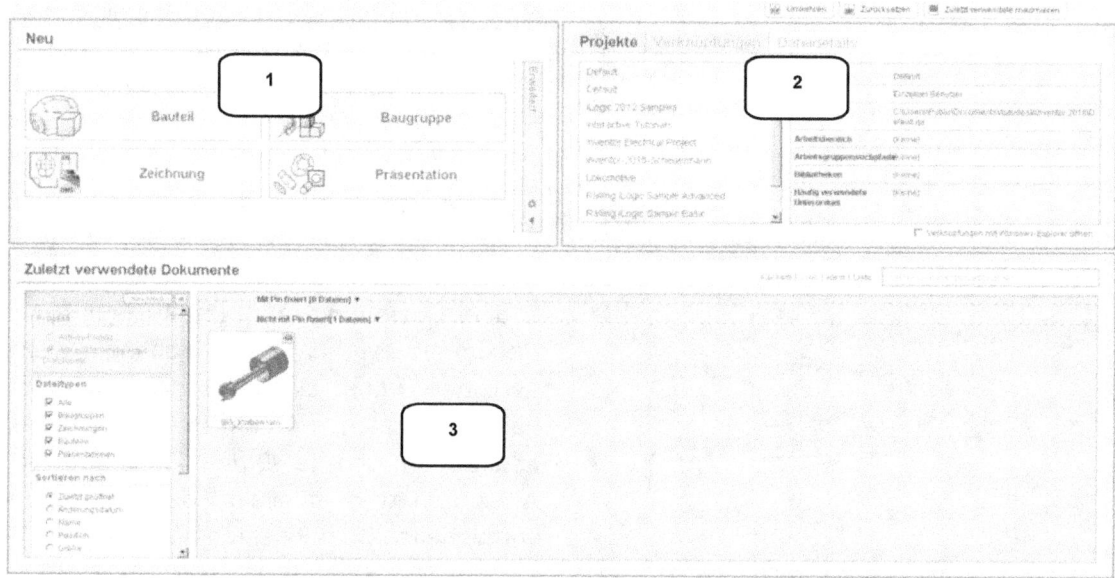

Nach dem Start von Autodesk® Inventor® Professional 2016 wird dem Benutzer ein **Startbildschirm** mit den folgenden Inhalten angeboten:

1) Erstellen einer neuen Datei
2) Aktivieren vorhandener Projekte und Darstellen zugehöriger Verknüpfungen und Details
3) Darstellen zuletzt verwendeter Dokumente mit zusätzlichen Filteroptionen

4 Die ersten Schritte

4.1 Programmhilfe und Neue Funktionen

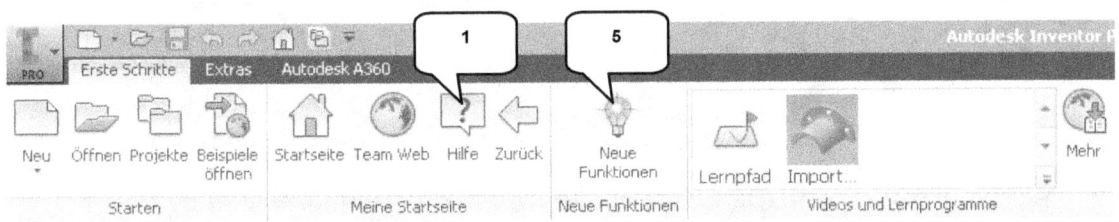

Im Register *Erste Schritte* (Befehlsgruppe *Meine Startseite*) befindet sich der Befehl Hilfe (1). Ein Klick darauf öffnet im Arbeitsbereich die Autodesk® Inventor® Professional 2016 Hilfe.

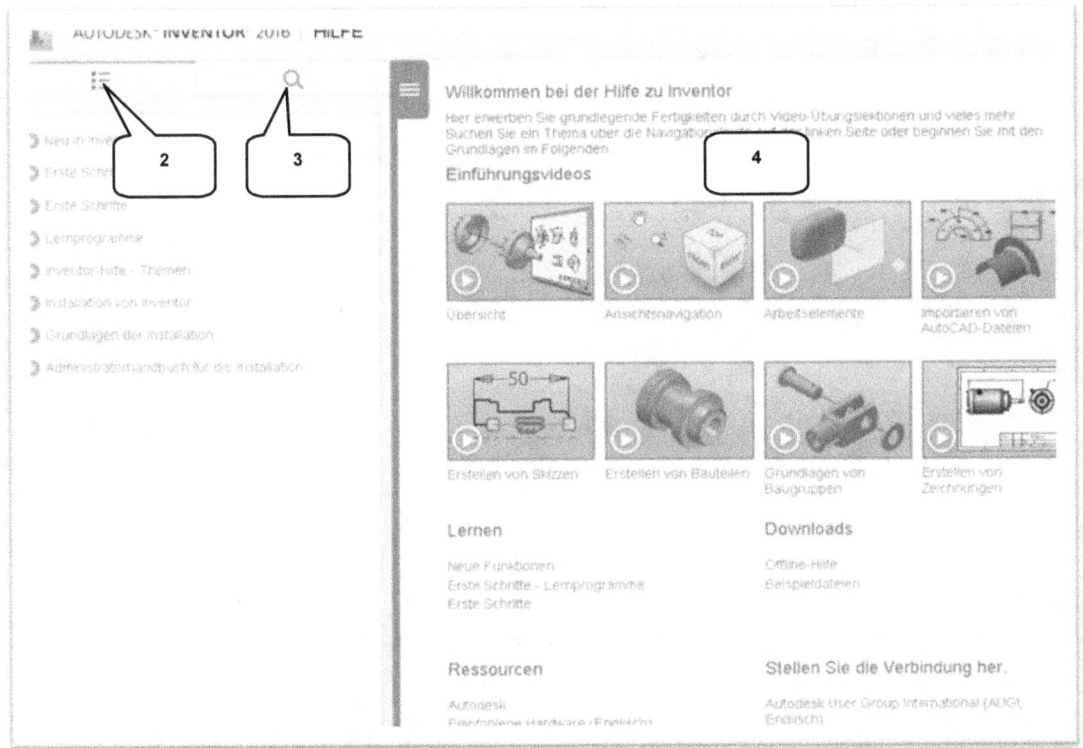

Hier können Sie entweder in der *Inhaltsübersicht* (2) aus einem der angebotenen Themengebiete auswählen, oder bestimmte Befehle oder Begriffe direkt *suchen* (3). Im *Ausgabebereich* (4) werden die jeweiligen Ergebnisse angezeigt. Zusätzlich können Sie den Befehl Neue Funktionen (5) starten, um sich die Unterschiede zur Programmversion 2015 aufzeigen zu lassen.

- Die ersten Schritte -

4.2 Videos und Lernprogramme

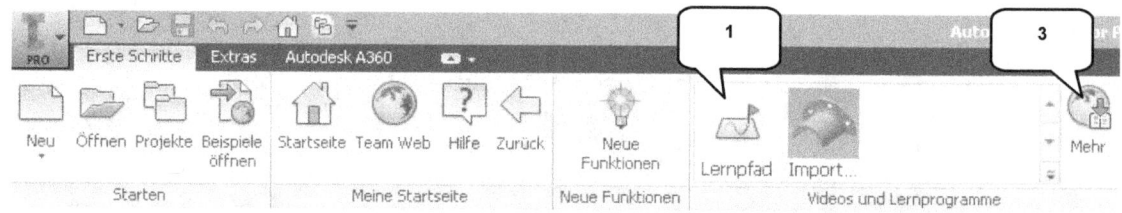

Im Register **Erste Schritte** (Befehlsgruppe **Videos und Lernprogramme**) befindet sich der Befehl **Lernpfad** (1). Ein Klick darauf öffnet im Arbeitsbereich eine interaktive Lernumgebung (2), in der Sie schrittweise nützliche Hinweise im Umgang mit der Software erlernen und verschiedene Lernprogramme starten können.

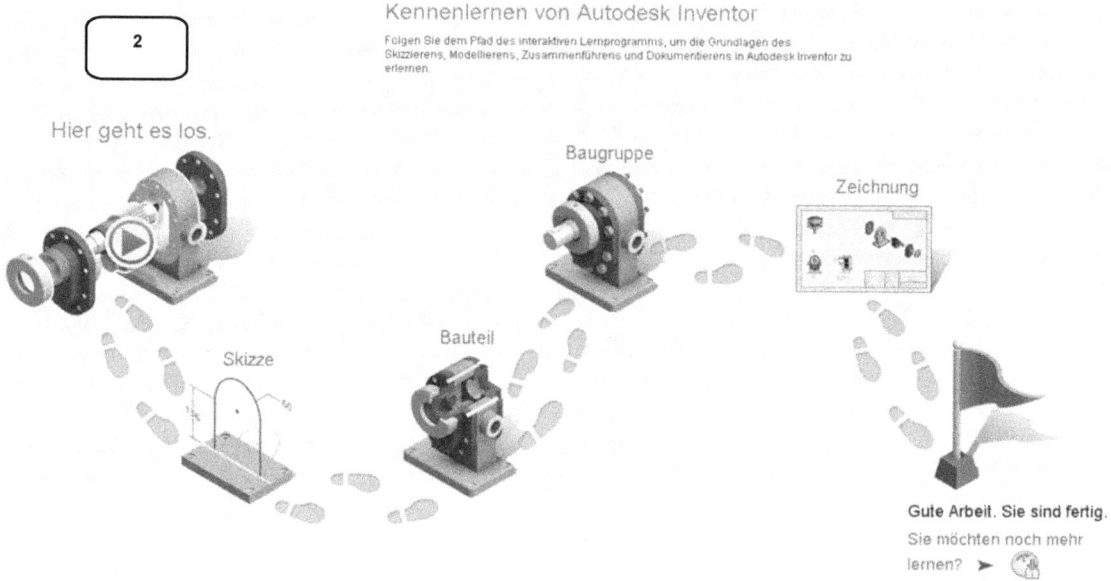

Mit dem Befehl **Mehr** (3) öffnet sich im Arbeitsbereich eine Übersicht, weiterer verfügbarer Lernprogramme (4), welche Sie zusätzlich herunterladen können.

4.3 Zusatzmodule (empfohlene Einstellungen)

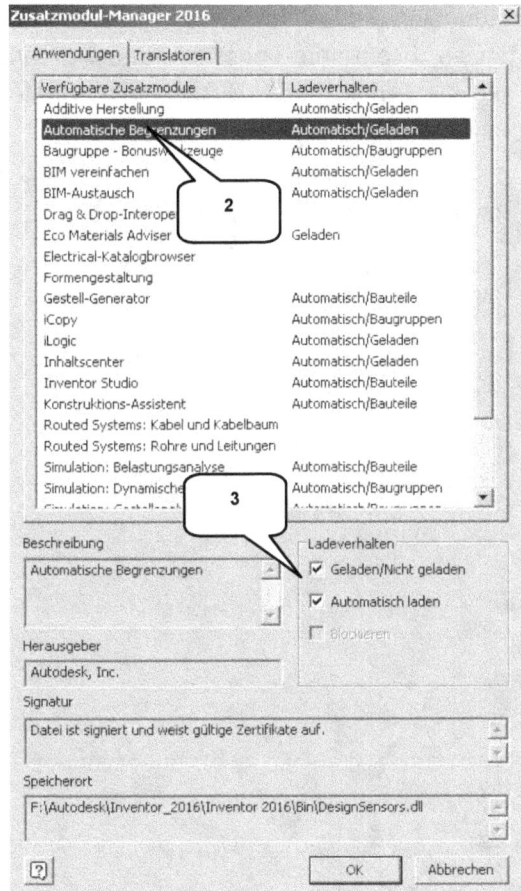

Im Register **Extras** (Befehlsgruppe **Optionen**) befindet sich der Befehl ✛ Zusatzmodule (1). Ein Klick darauf öffnet den **Zusatzmodul-Manager**. Mit diesem Befehl können die automatisch beim Programmstart zu startenden Zusatzmodule definiert werden. Um ein Modul automatisch laden zu lassen, muss dieses in der **Liste** (2) aktiviert werden, um anschließend die beiden Haken im Bereich **Ladeverhalten** (3) zu setzen. Um ein Modul nicht automatisch bei Programmstart laden zu lassen, sind die beiden Haken zu entfernen.

Die Aktivierung der folgenden Module wird empfohlen:

- Additive Herstellung
- Automatische Begrenzungen
- Baugruppe - Bonuswerkzeuge
- BIM-Austausch
- BIM-Vereinfachen
- Gestell-Generator
- iCopy
- iLogic
- Inhaltscenter
- Inventor Studio
- Konstruktions-Assistent
- Simulation: Belastungsanalyse
- Simulation: Dynamische Simulation
- Simulation: Gestellanalyse

HINWEIS: Je nach Programversion (Inventor® 2016 oder Inventor® Professional 2016) können einige der Module unter Umständen nicht verwendet werden. Bitte beachten Sie, dass eine generelle Aktivierung aller Module die Leistungsfähigkeit Ihres PCs negativ beeinträchtigen kann.

4.4 Anwendungsoptionen (empfohlene Einstellungen)

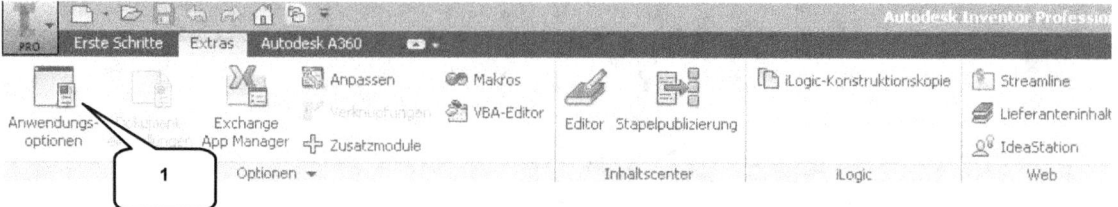

Im Register **Extras** (Befehlsgruppe **Optionen**) befindet sich der Befehl **Anwendungsoptionen** (1). Hier können einige Grundeinstellungen am Programm vorgenommen werden. Die folgenden Einstellungen werden empfohlen, um die Arbeit mit dem Buch zu vereinfachen:

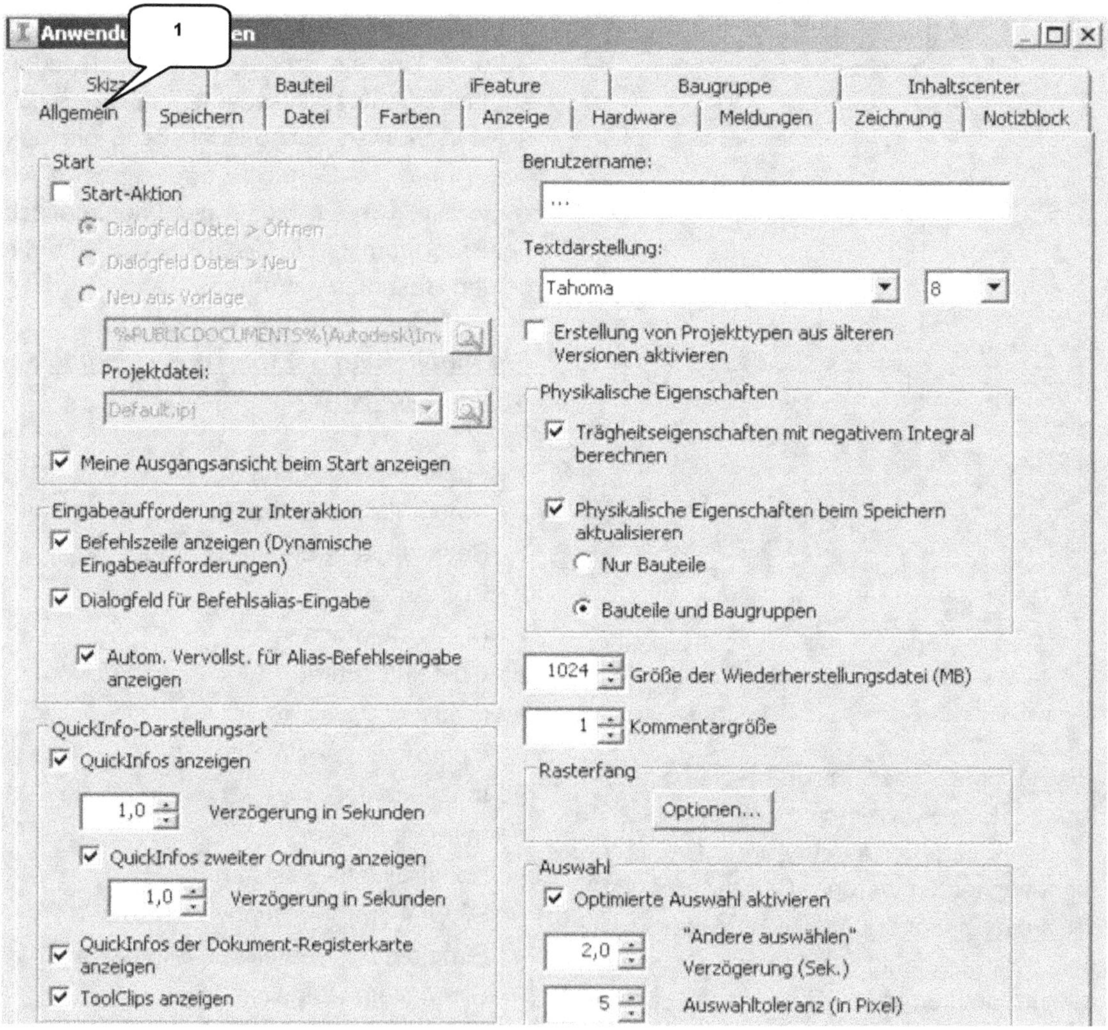

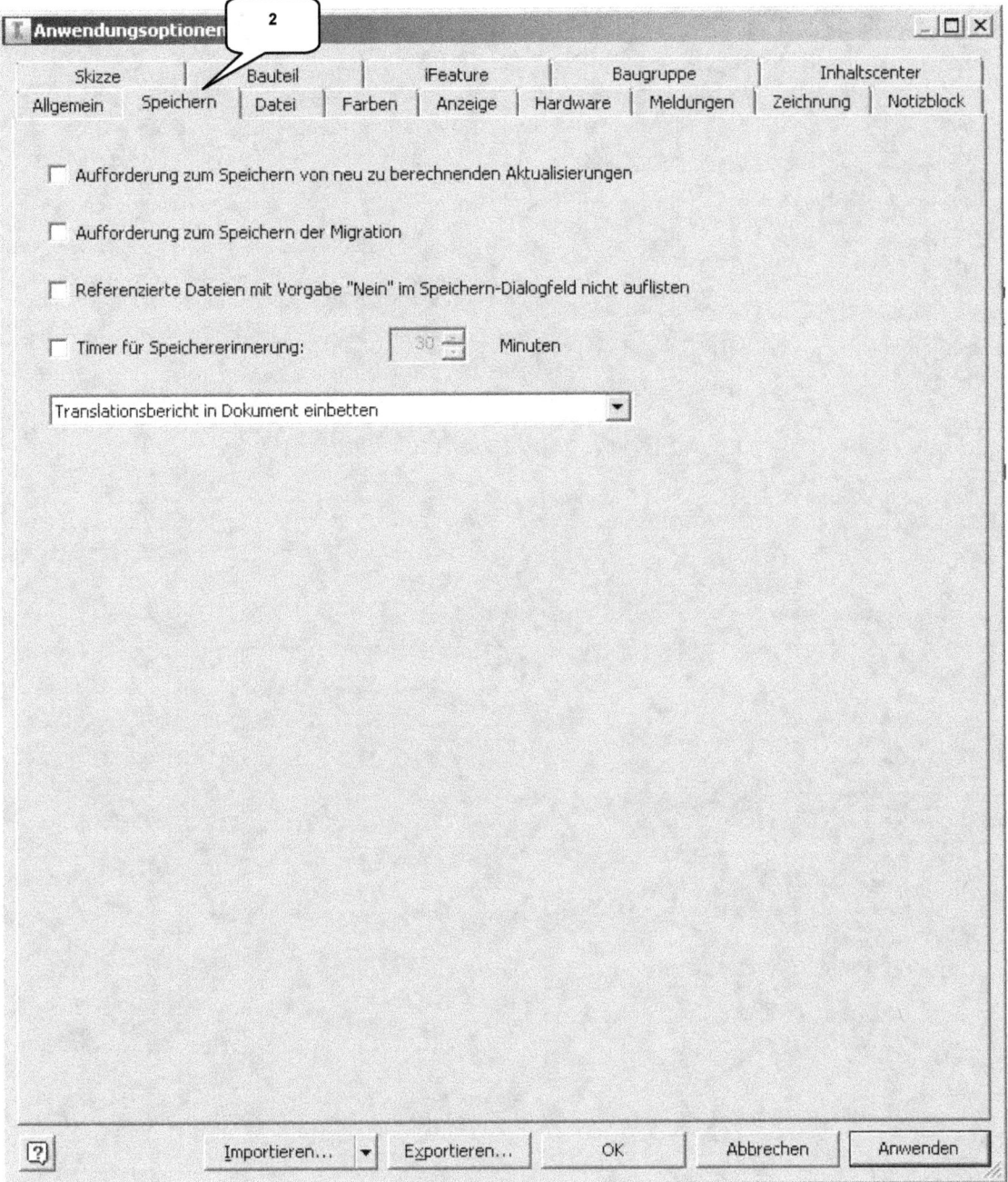

- Die ersten Schritte -

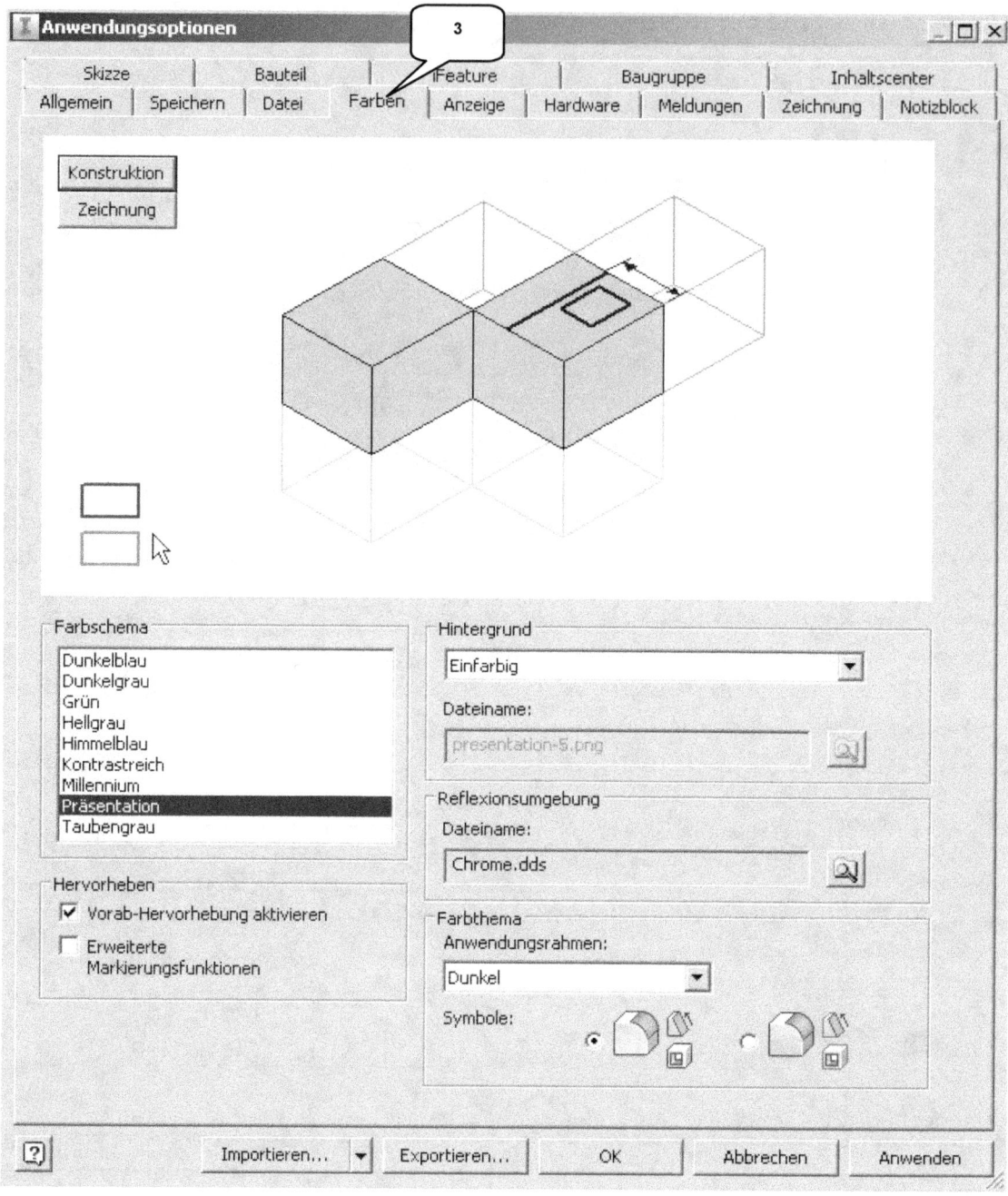

- Die ersten Schritte -

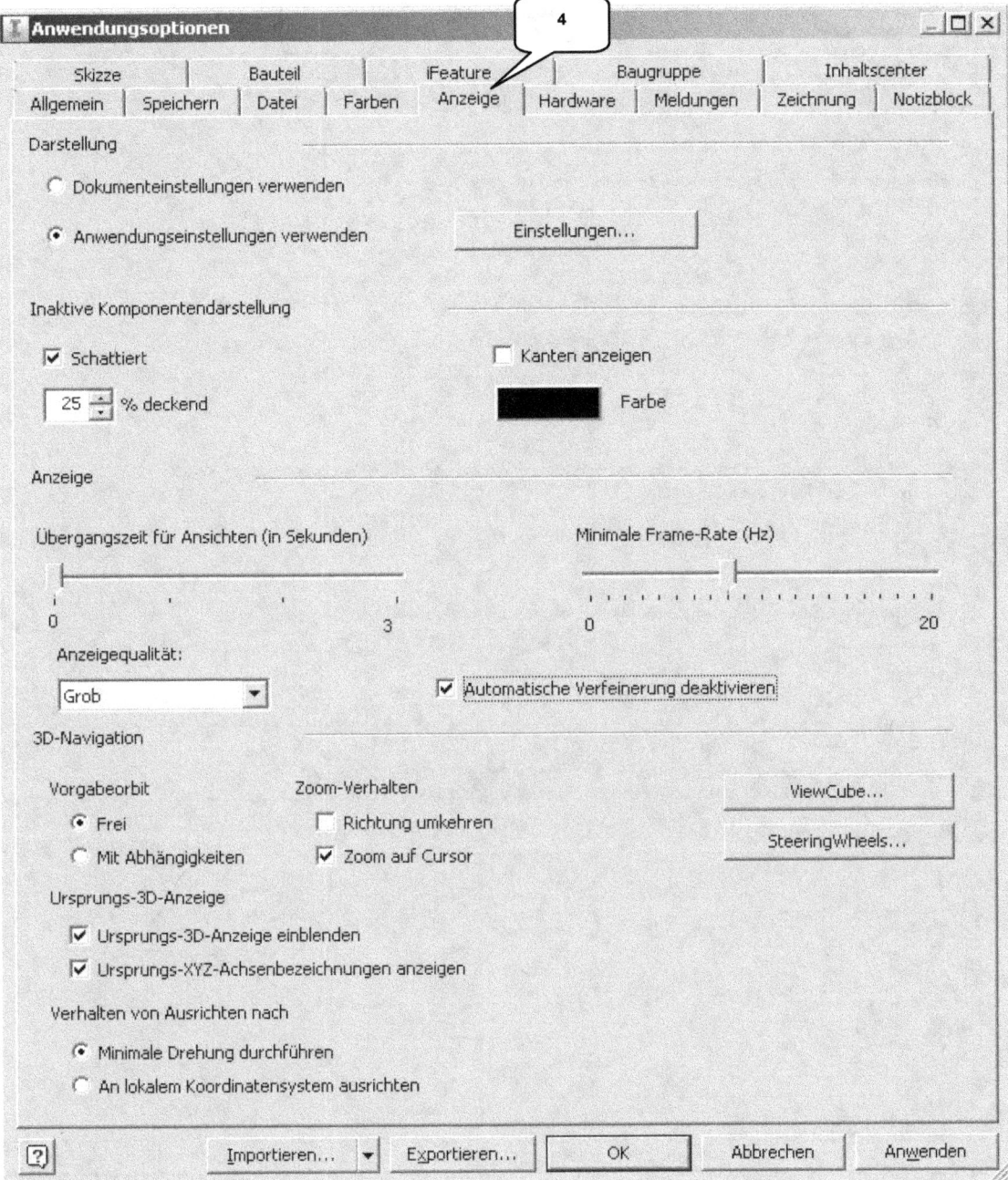

- Die ersten Schritte -

Anwendungsoptionen

| Skizze | Bauteil | iFeature | Baugruppe | Inhaltscenter |
| Allgemein | Speichern | Datei | Farben | Anzeige | Hardware | Meldungen | Zeichnung | Notizblock |

(5)

Grafikeinstellungen

Anmerkung: Die Änderung der Grafikeinstellungen tritt erst in Kraft, wenn Inventor neu gestartet wird.

○ Qualität

Verwenden Sie diese Einstellung für eine qualitativ hochwertige realistische Visualisierung.

⦿ Leistung

Verwenden Sie diese Einstellung, wenn Sie Leistung einer realistischen Visualisierung (z.B. bei der Modellierung) vorziehen.

○ Konservativ

Verwenden Sie diese Einstellung für konservative Grafikhardwareverwendung mit Inventor.

☐ Softwaregrafik

Verwenden Sie diese Einstellung nur für Systeme mit nicht erkannter Grafikhardware oder bei keiner Unterstützung der gewünschten Funktion durch die Grafikhardware.

[Analyse]

[?]   [Importieren... ▼]   [Exportieren...]   [OK]   [Abbrechen]   [Anwenden]

- Die ersten Schritte -

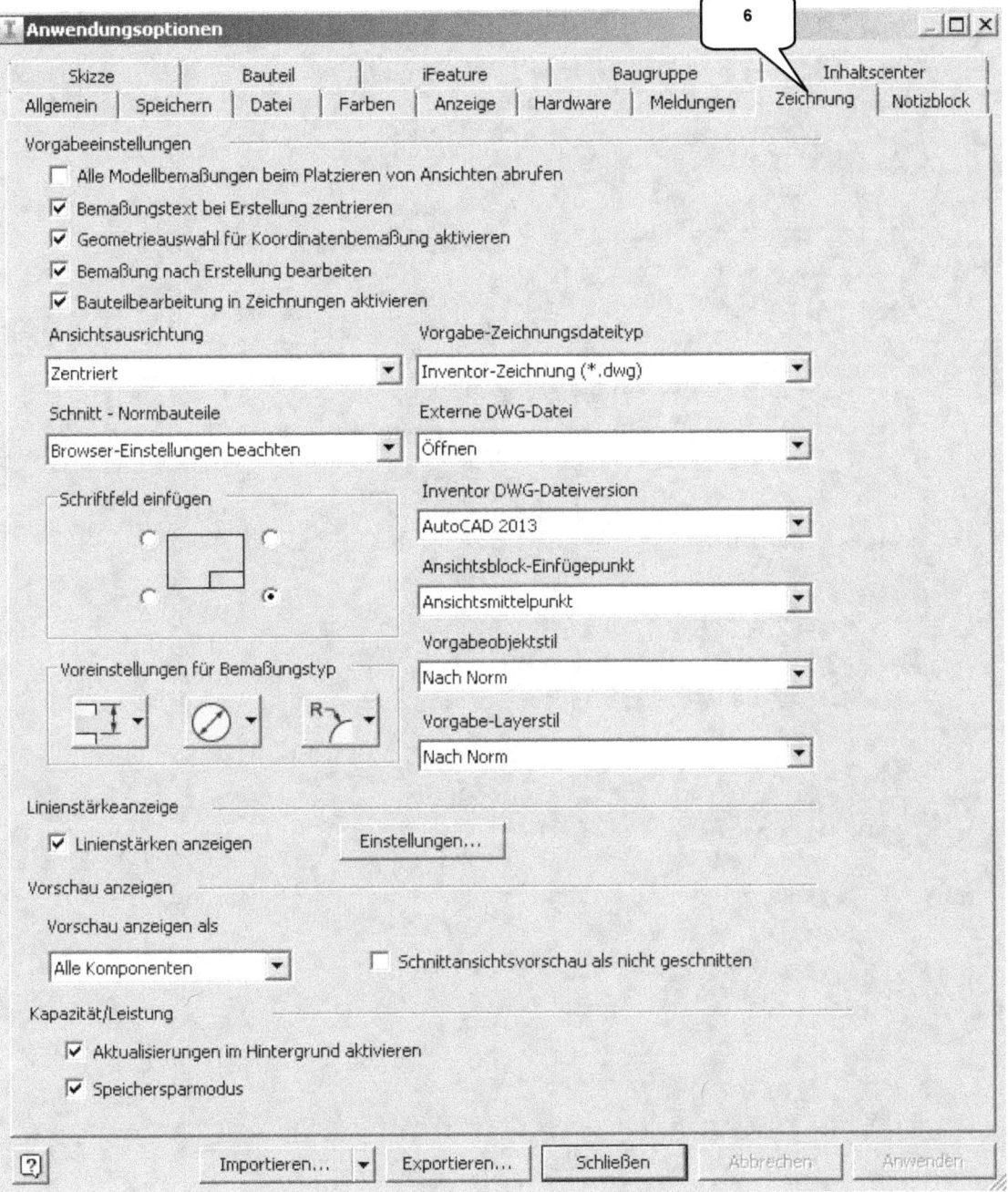

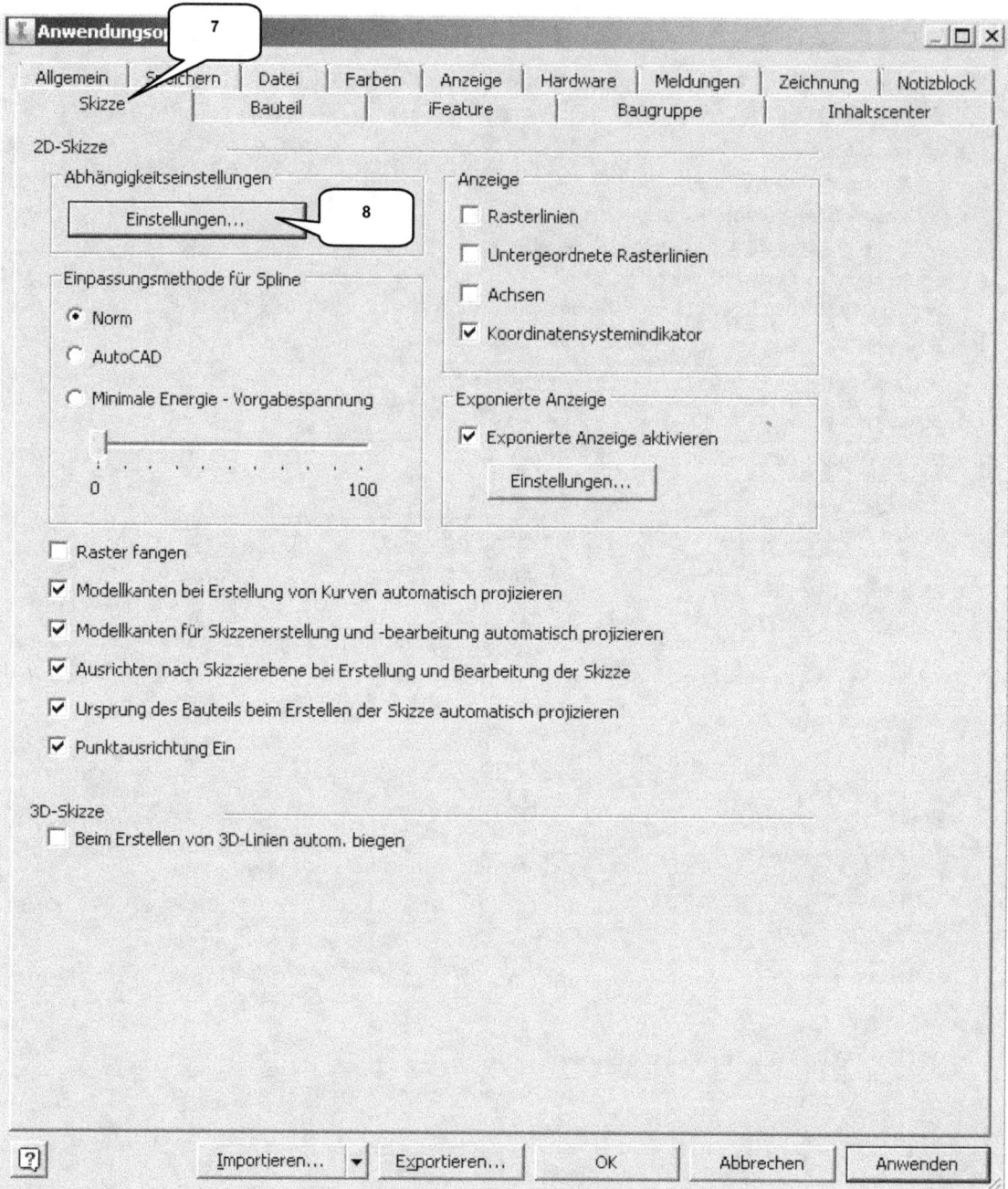

- Die ersten Schritte -

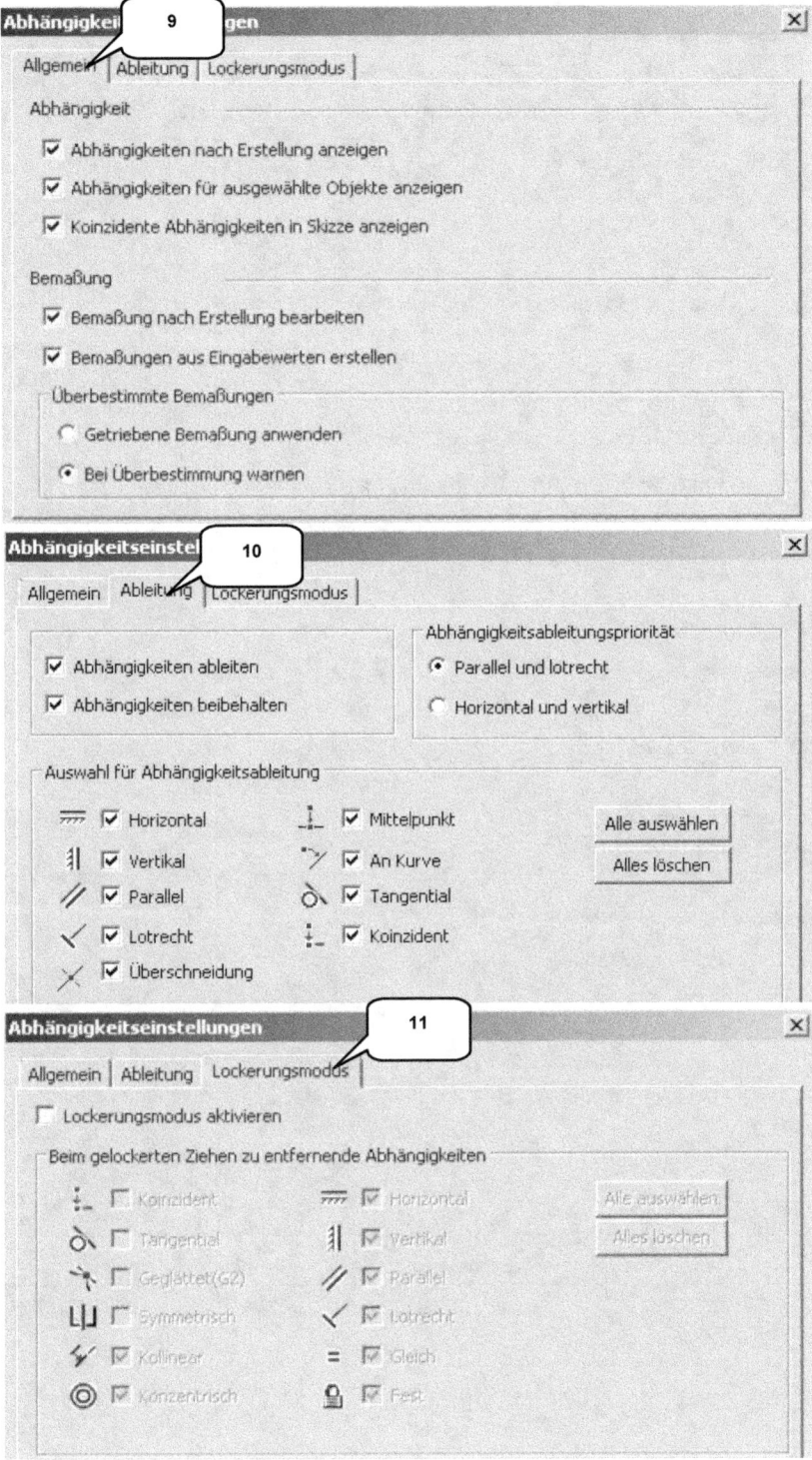

- Die ersten Schritte -

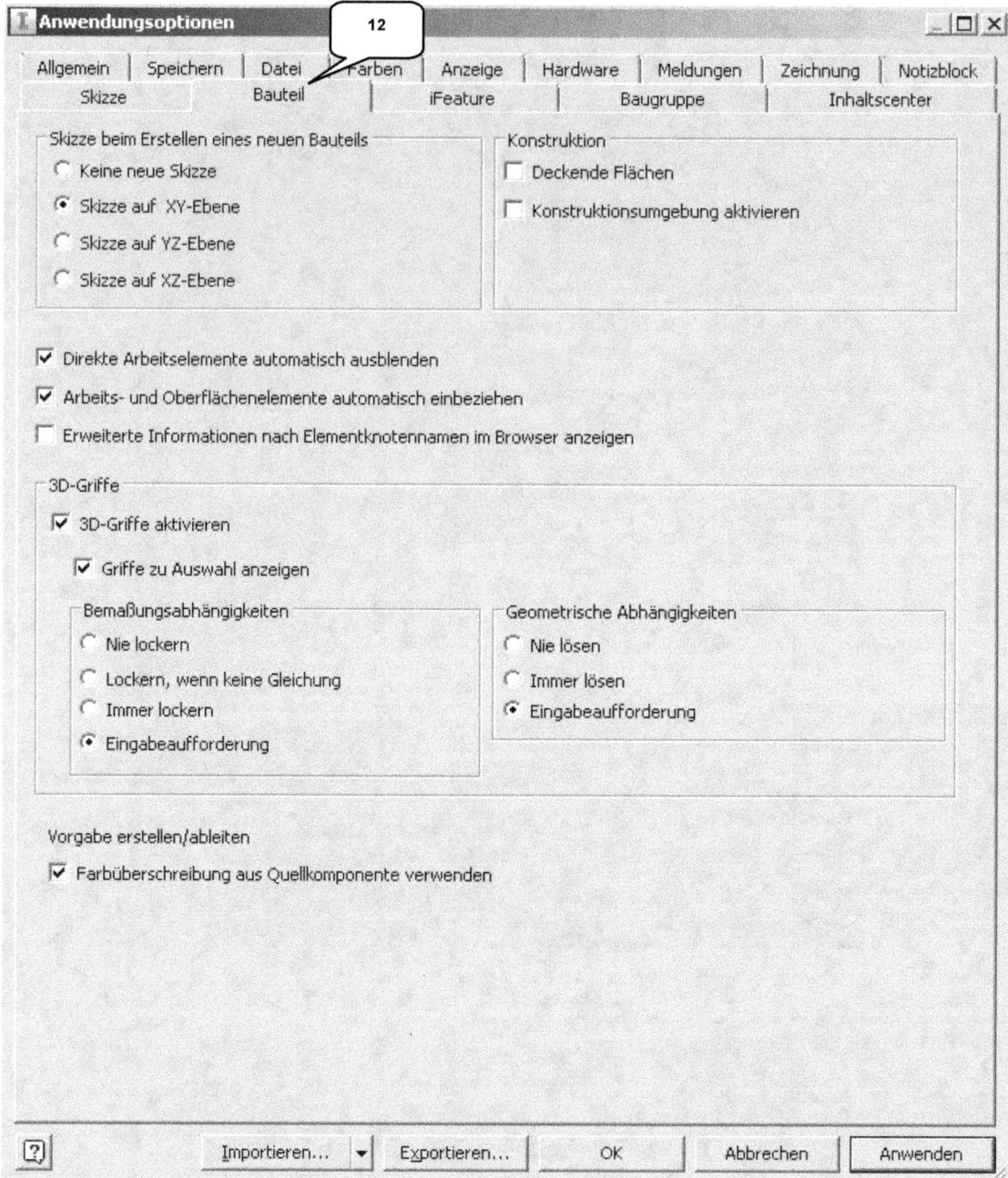

- Die ersten Schritte -

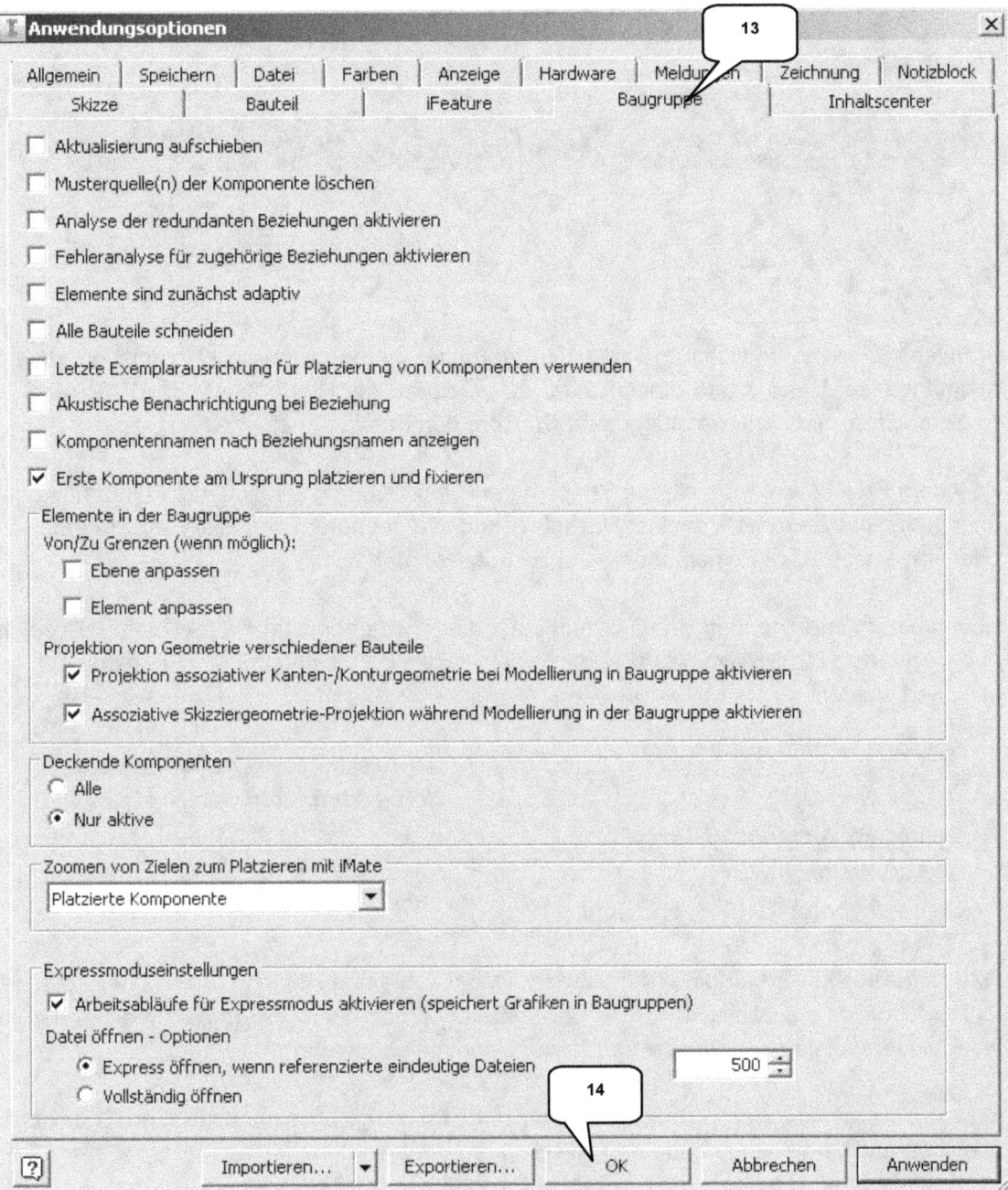

5 Erstellen eines Einzelbenutzerprojekts

In Inventor® sollte möglichst in Projekten gearbeitet werden, um die Koordination zusammenhängender Dateien und Einstellungen zu vereinfachen. Hierfür bietet das Programm im Register *Erste Schritte* (Befehlsgruppe *Starten*) den Befehl **Projekte** (1).

Zu jedem Projekt wird eine eigene Projektdatei (*.ipj) erzeugt. Sie sichert alle Informationen und Querverweise eines Projekts. Das ist wichtig, wenn später komplexe Projekte archiviert oder von einem PC auf einen anderen übertragen werden sollen.

Erzeugen Sie im folgenden Arbeitsschritt ein neues Einzelbenutzer-Projekt mit der Bezeichnung *Inventor-2016-Hybridjacht*. Das Projekt sollte im gleichnamigen Projektordner gespeichert werden.

- **Projekte** (1)
- **Neu** (2)
- Option: *Einzelbenutzer-Projekt*
- **Weiter**
- Name: *Inventor-2016-Hybridjacht* (3)

- Projektordner: *Ordner Inventor-2016-Hybridjacht* wählen (4)
- **Fertig stellen** (5)
- **Fertig** (6)

Das neue Projekt wird automatisch aktiviert, was durch einen kleinen Haken in der Zeile des aktiven Projekts signalisiert wird. Bei der späteren Arbeit mit dem Programm sollte das jeweils aktive Projekt nach Programmstart stets kontrolliert werden.

So kann vermieden werden, dass Dateien unbeabsichtigt an einem falschen Speicherort gesichert und damit einem anderen Projekt zugeordnet werden.

- Erstellen eines Einzelbenutzerprojekts -

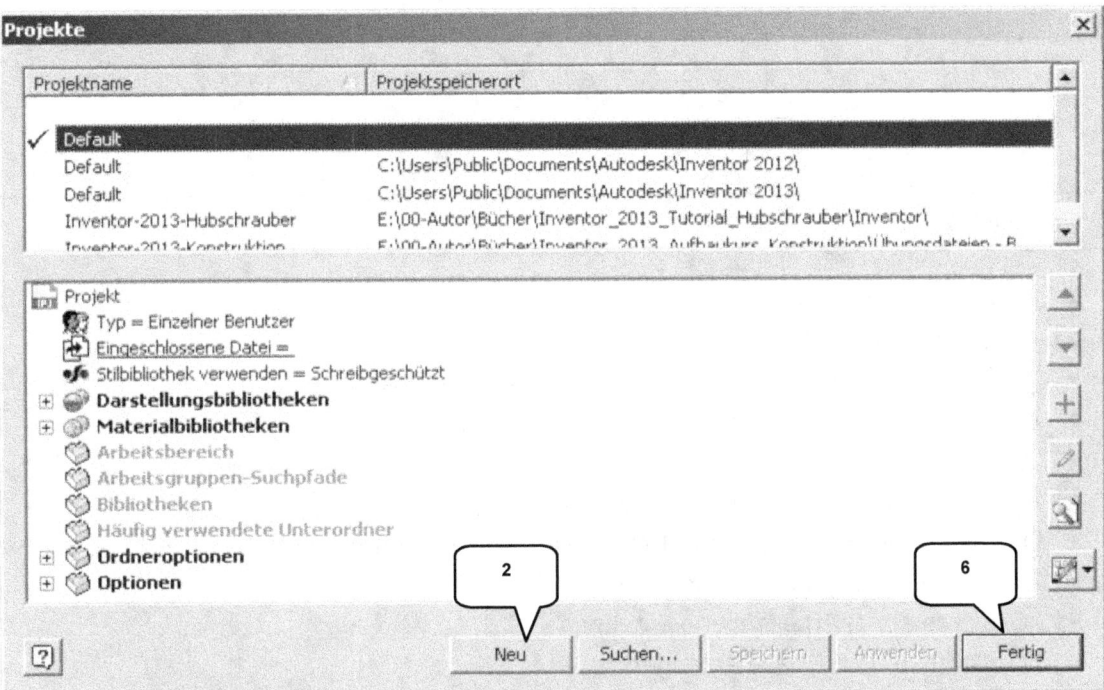

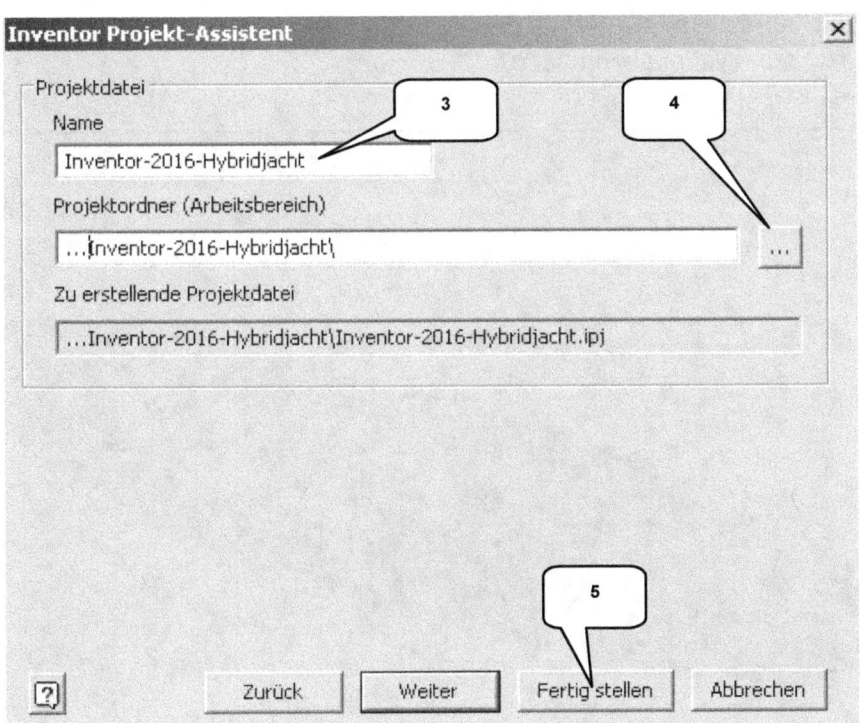

6 Basisrumpf

Agenda

- Bauteildatei „Rumpf_Speedboot" erstellen
- Ebenen mit Versatz erzeugen
- XY-Ebene sichtbar machen
- 2D-Skizze auf 4. Arbeitsebene erzeugen
- Achsen projizieren und als Konstruktionsobjekte definieren
- Zeichnen der ersten Linien mittels dynamischer Werteeingabe
- 2D-Skizze auf 3. Arbeitsebene erzeugen
- Skizze ausblenden, Hauptachsen projizieren
- Linienkonturen zeichnen, bemaßen und abhängig machen
- 2D-Skizze auf 2. Arbeitsebene erzeugen
- 2D-Skizze auf 1. Arbeitsebene erzeugen
- 2D-Skizze auf XY-Ebene erzeugen
- 2D-Skizzen einblenden, Ebenen ausblenden
- Erheben des Volumenkörpers
- Volumenkörper variabel abrunden
- Volumenkörper spiegeln

6.1 Bauteil „Rumpf_Speedboot" erstellen

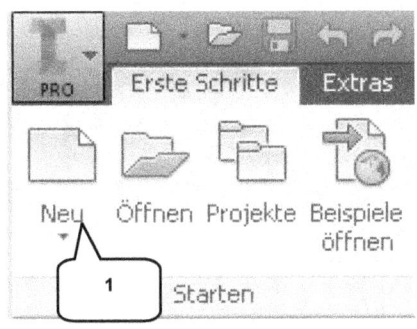

- **Neu** (1)
- Templates (2)
- Bauteil: Norm.ipt (3)
- **Erstellen** (4)

- **Skizze fertig stellen** (5)
- **Speichern** (6)
- Dateiname: [Rumpf_Speedboot] (7)
- **Speichern** (8)

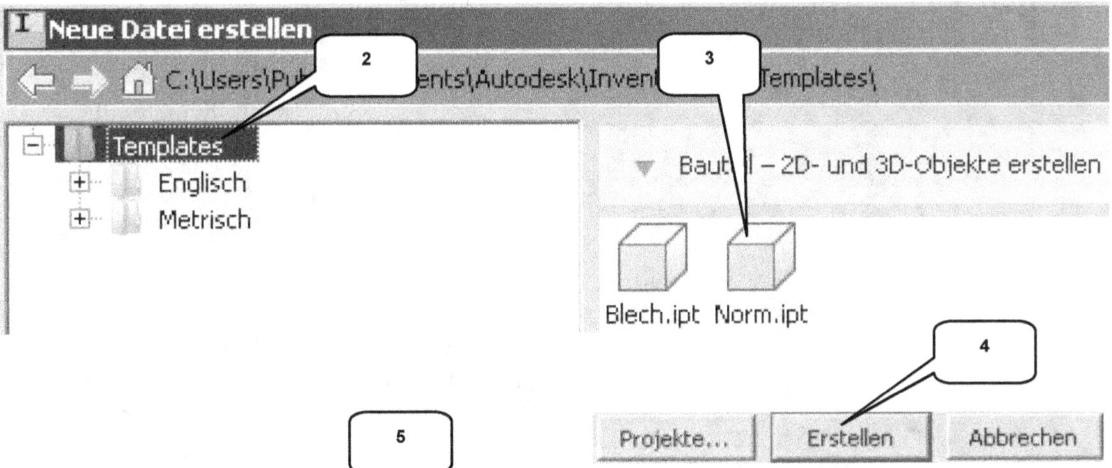

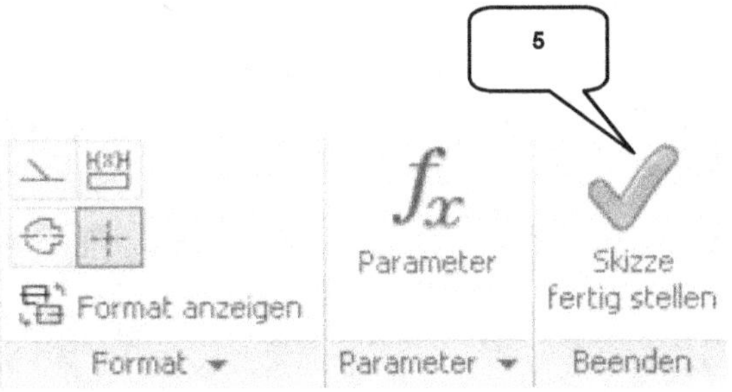

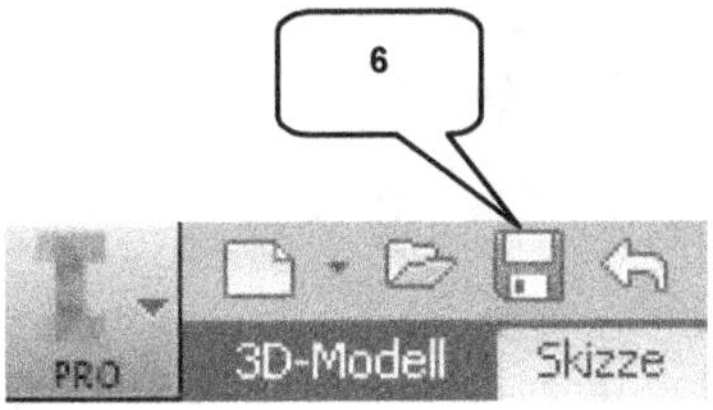

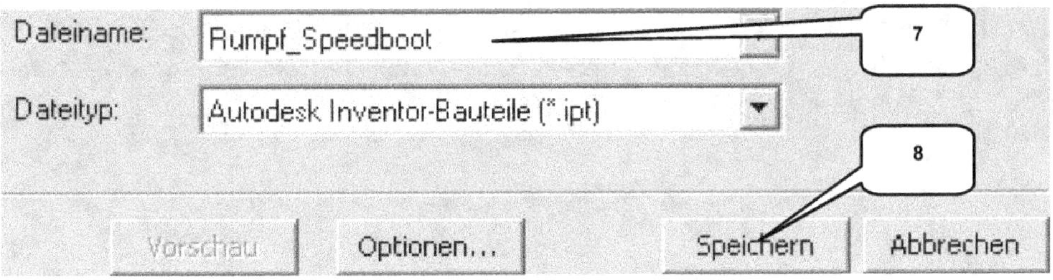

6.2 Ebenen mit Versatz erzeugen

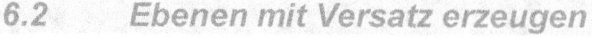

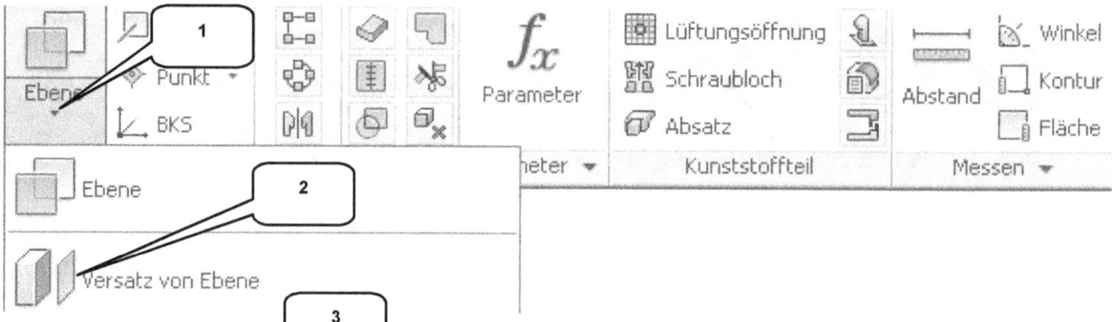

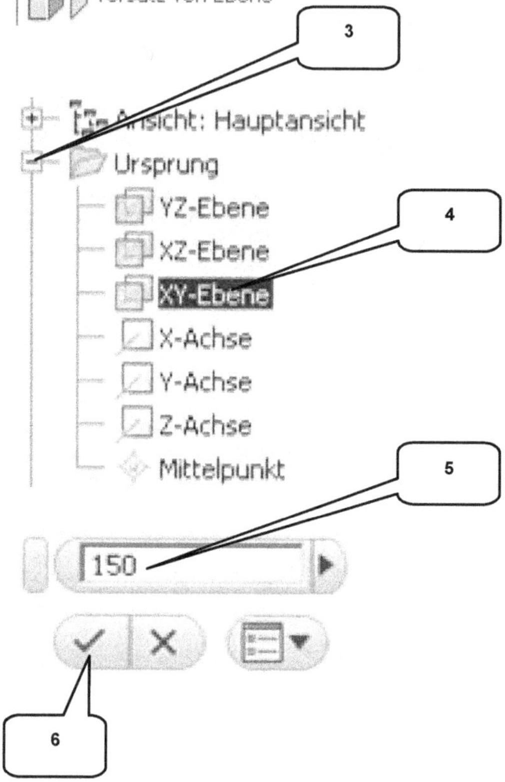

- Befehl „Ebene" erweitern (1)
- **Versatz von Ebene** (2)
- Ordner „Ursprung" im Modellbaum erweitern (3)
- XY-Ebene wählen (4)
- Versatzwert: [150] mm (5)
- **OK** (6)

Drei weitere Ebenen sind anschließend mit demselben Befehl (**Versatz von Ebene**) in den Abständen **300**, **450** und **600** mm zu erzeugen. Als Referenzebene ist ebenfalls die **XY-Ebene** des Ordners „Ursprung" zu verwenden.

HINWEIS: Einige der Befehlsgruppen sind standardmäßig ausgeblendet, was manuell geändert werden muss. Hierfür ist mit der rechten Maustaste auf einen beliebigen Punkt in der Befehlsleiste zu klicken. In der Option „Gruppen anzeigen" können die fehlenden Befehlsgruppen dann nachträglich aktiviert werden.

- Basisrumpf -

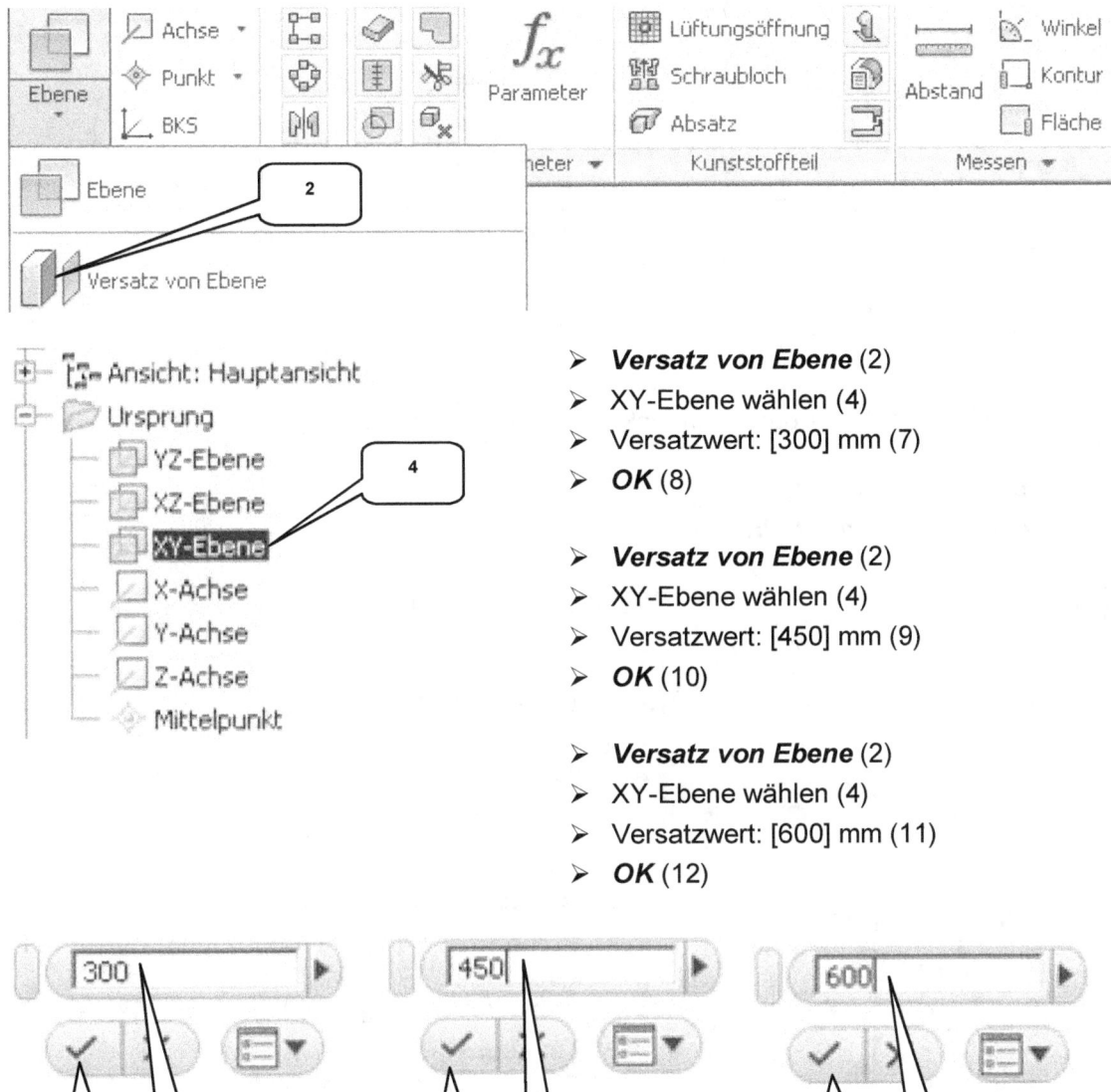

- **Versatz von Ebene** (2)
- XY-Ebene wählen (4)
- Versatzwert: [300] mm (7)
- **OK** (8)

- **Versatz von Ebene** (2)
- XY-Ebene wählen (4)
- Versatzwert: [450] mm (9)
- **OK** (10)

- **Versatz von Ebene** (2)
- XY-Ebene wählen (4)
- Versatzwert: [600] mm (11)
- **OK** (12)

6.3 XY-Ebene sichtbar machen

Die vier neu erzeugten Ebenen sind jetzt sichtbar und können verwendet werden. Die **XY-Ebene** soll ebenfalls sichtbar gemacht werden. Hierfür muss im Modellbaum mit der rechten Maustaste auf die XY-Ebene geklickt und die Option „Sichtbarkeit" aktiviert werden.

6.4 2D-Skizze auf 4. Arbeitsebene erzeugen

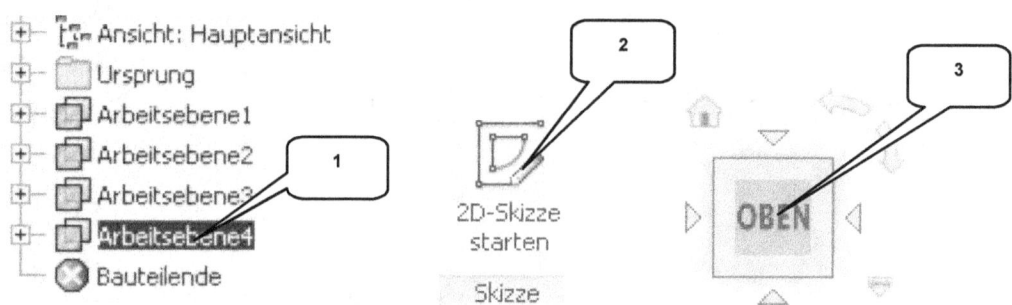

- „Arbeitsebene4" im Modellbaum anklicken (linke Maustaste) (1)

- **2D-Skizze starten** (2)
- **ViewCube-Ansicht: OBEN** (3)

6.5 Achsen projizieren und als Konstruktionsobjekte definieren

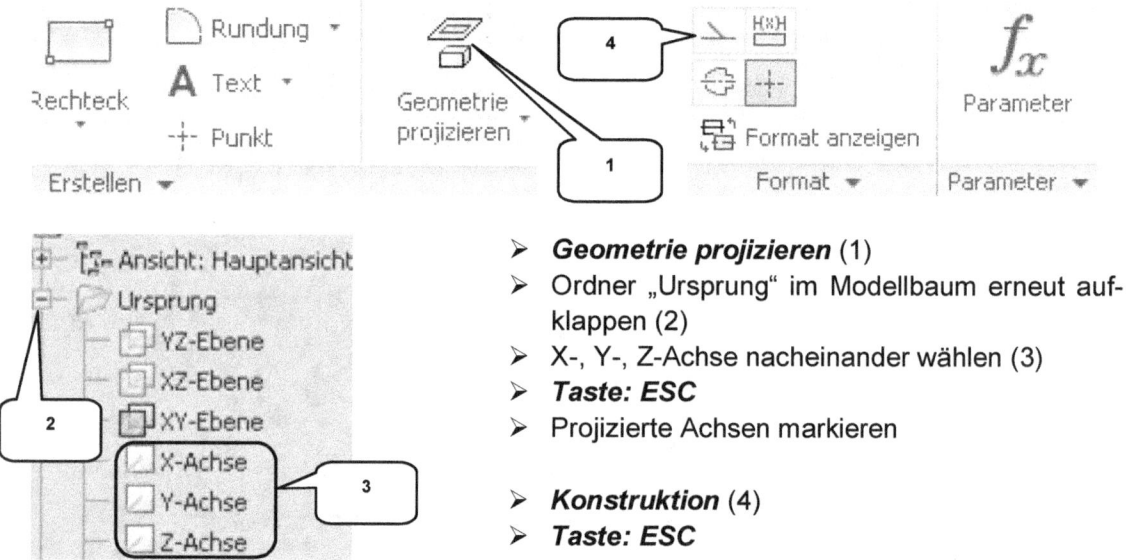

- **Geometrie projizieren** (1)
- Ordner „Ursprung" im Modellbaum erneut aufklappen (2)
- X-, Y-, Z-Achse nacheinander wählen (3)
- **Taste: ESC**
- Projizierte Achsen markieren

- **Konstruktion** (4)
- **Taste: ESC**

HINWEIS: Das Projizieren der drei Hauptachsen sollte bei jeder neuen Skizze durchgeführt werden. Die Achsen können dann als Referenzen verwendet werden, z. B. um Objekte daran auszurichten.

- Basisrumpf -

6.6 Zeichnen der ersten Linien mittels dynamischer Werteeingabe

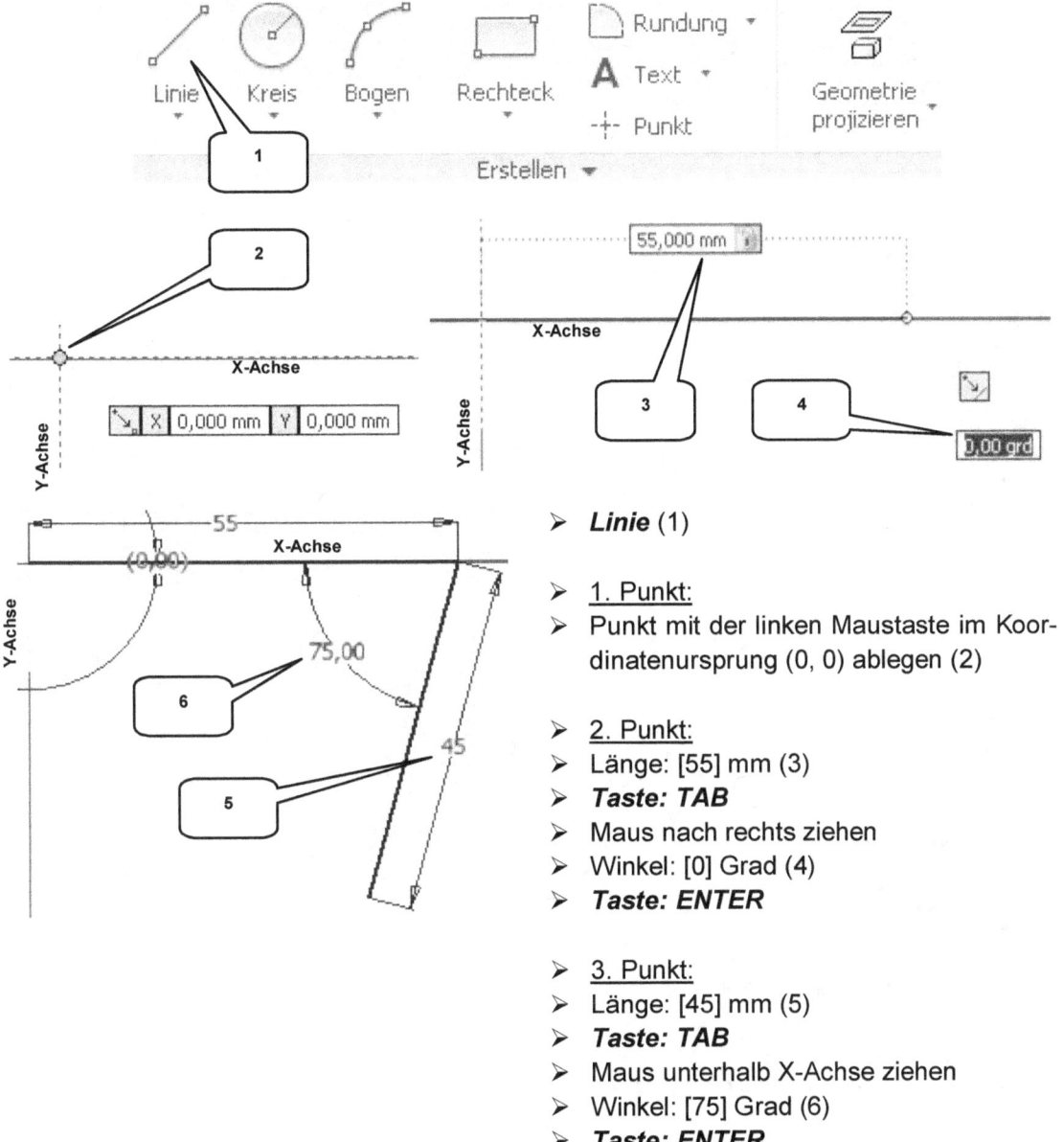

- **Linie** (1)

- 1. Punkt:
- Punkt mit der linken Maustaste im Koordinatenursprung (0, 0) ablegen (2)

- 2. Punkt:
- Länge: [55] mm (3)
- **Taste: TAB**
- Maus nach rechts ziehen
- Winkel: [0] Grad (4)
- **Taste: ENTER**

- 3. Punkt:
- Länge: [45] mm (5)
- **Taste: TAB**
- Maus unterhalb X-Achse ziehen
- Winkel: [75] Grad (6)
- **Taste: ENTER**

HINWEIS: Mit der Tabulator-Taste (Taste: TAB) gelangt man in den Eingabebereich der Koordinaten/ Werte. Bei der Winkeleingabe muss auf die Position des Mauspfeils geachtet werden. Je nach Lage des Mauspfeils ändern sich Richtung und Winkel der Linie.

- Basisrumpf -

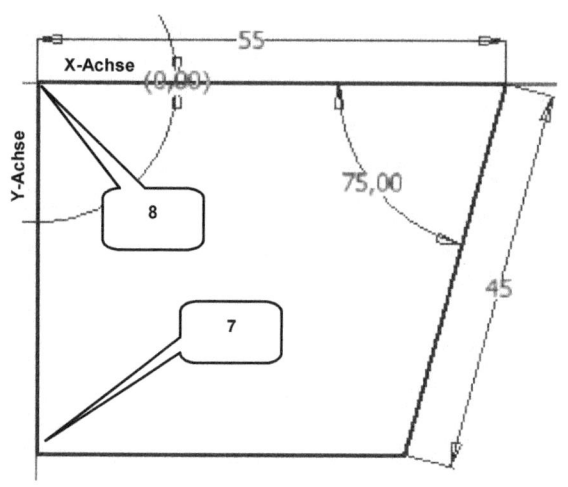

- 4. Punkt:
- Maus waagerecht nach links ziehen und mit der linken Maustaste (lotrecht) auf der Y-Achse ablegen (7)

- 5. Punkt:
- Erneut auf den 4. Punkt klicken (7)
- 5. Punkt im Koordinatenursprung ablegen (8)
- **Taste: ESC**

- **Skizze fertig stellen** (9)

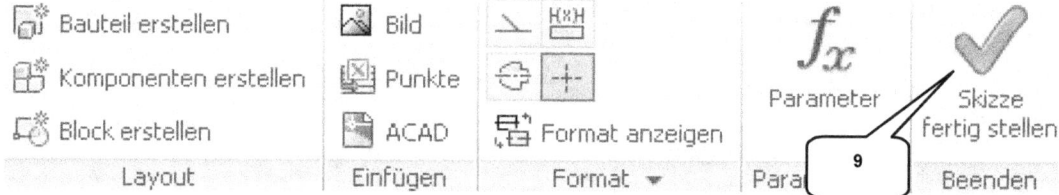

6.7 2D-Skizze auf 3. Arbeitsebene erzeugen

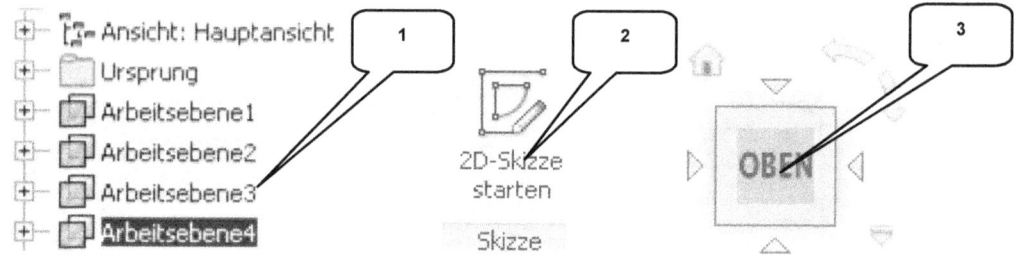

- „Arbeitsebene3" im Modellbaum markieren (1)

- **2D-Skizze starten** (2)
- **ViewCube-Ansicht: OBEN** (3)

6.8 1. Skizze ausblenden, Hauptachsen projizieren

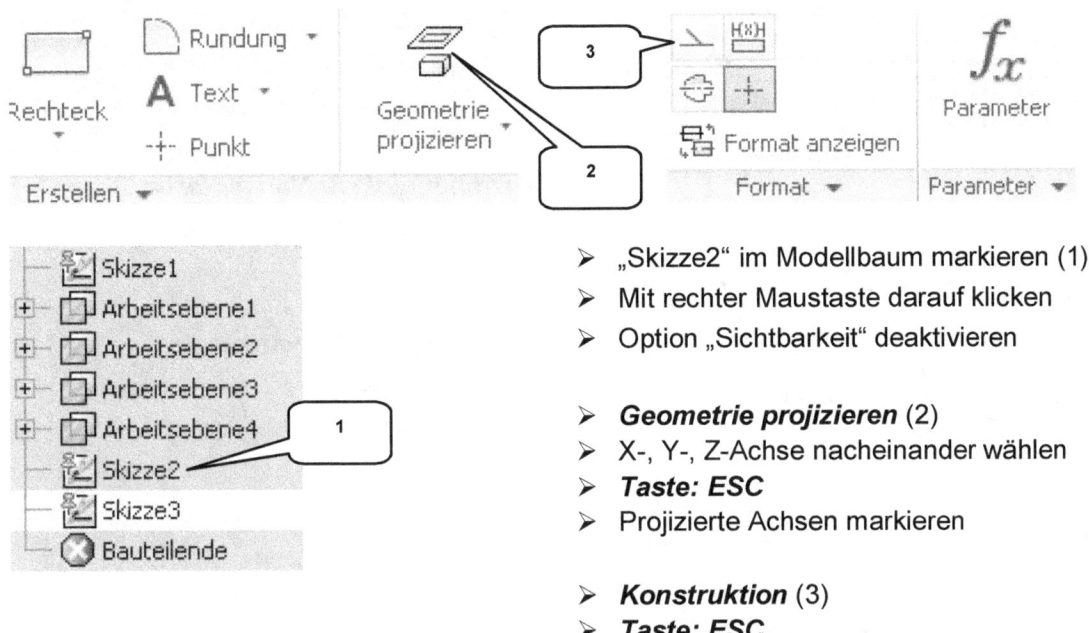

- „Skizze2" im Modellbaum markieren (1)
- Mit rechter Maustaste darauf klicken
- Option „Sichtbarkeit" deaktivieren

- **Geometrie projizieren** (2)
- X-, Y-, Z-Achse nacheinander wählen
- **Taste: ESC**
- Projizierte Achsen markieren

- **Konstruktion** (3)
- **Taste: ESC**

6.9 Linienkonturen zeichnen, bemaßen und abhängig machen

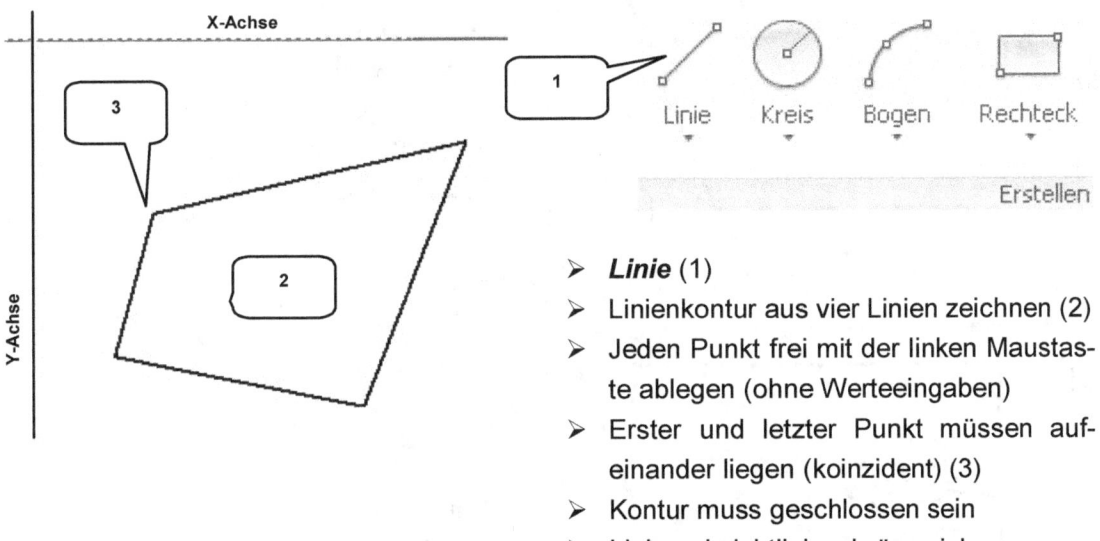

- **Linie** (1)
- Linienkontur aus vier Linien zeichnen (2)
- Jeden Punkt frei mit der linken Maustaste ablegen (ohne Werteeingaben)
- Erster und letzter Punkt müssen aufeinander liegen (koinzident) (3)
- Kontur muss geschlossen sein
- Linien absichtlich schräg zeichnen

- Basisrumpf -

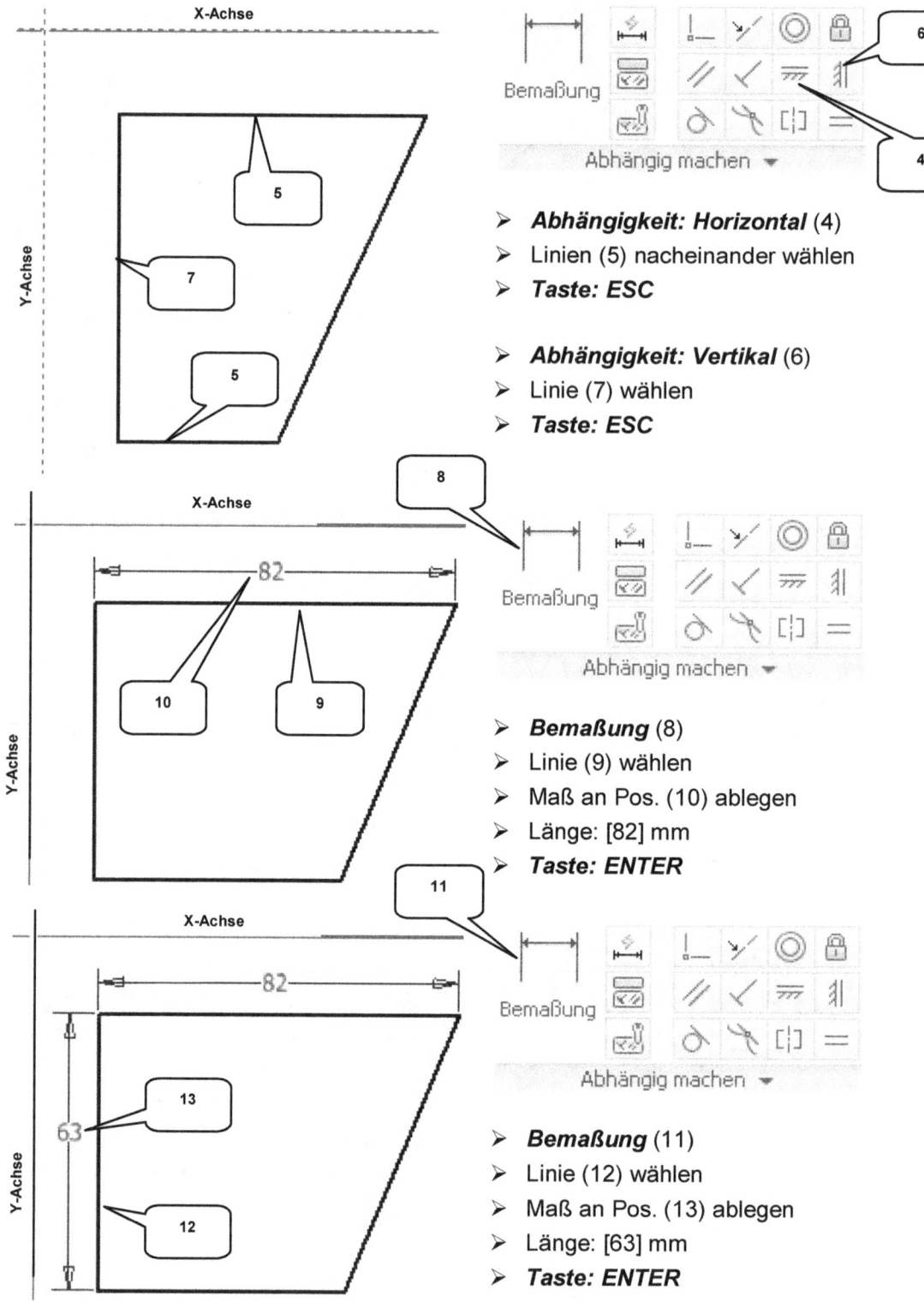

- **Abhängigkeit: Horizontal** (4)
- Linien (5) nacheinander wählen
- **Taste: ESC**

- **Abhängigkeit: Vertikal** (6)
- Linie (7) wählen
- **Taste: ESC**

- **Bemaßung** (8)
- Linie (9) wählen
- Maß an Pos. (10) ablegen
- Länge: [82] mm
- **Taste: ENTER**

- **Bemaßung** (11)
- Linie (12) wählen
- Maß an Pos. (13) ablegen
- Länge: [63] mm
- **Taste: ENTER**

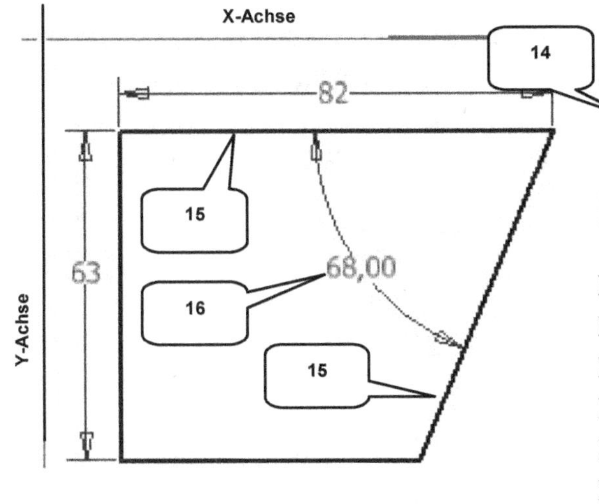

- Basisrumpf -

> **Bemaßung** (14)
> Linien (15) nacheinander wählen
> Maß an Pos. (16) ablegen
> Winkel: [68] Grad
> *Taste: ENTER*
> *Taste: ESC*

> **Abhängigkeit: Koinzident** (17)
> Punkt (18) wählen
> Punkt (19) wählen (Koordinatenurspr.)
> *Taste: ESC*

> *Skizze fertig stellen*

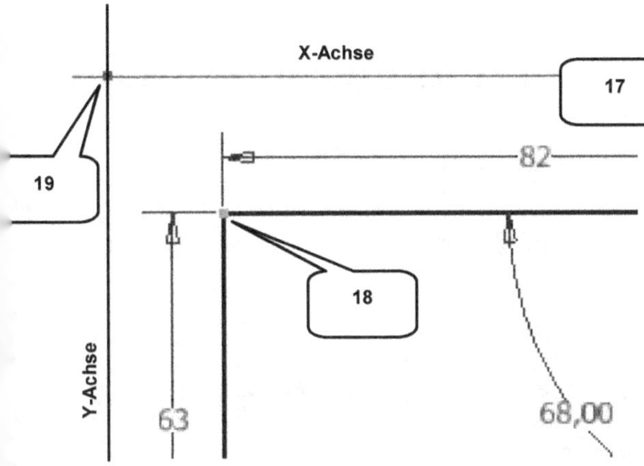

6.10 2D-Skizze auf 2. Arbeitsebene erzeugen

> „Arbeitsebene2" im Modellbaum markieren (1)

> *2D-Skizze starten*
> *ViewCube-Ansicht: OBEN*

> „Skizze3" im Modellbaum markieren
> Mit rechter Maustaste darauf klicken
> Bei „Sichtbarkeit" den Haken entfernen

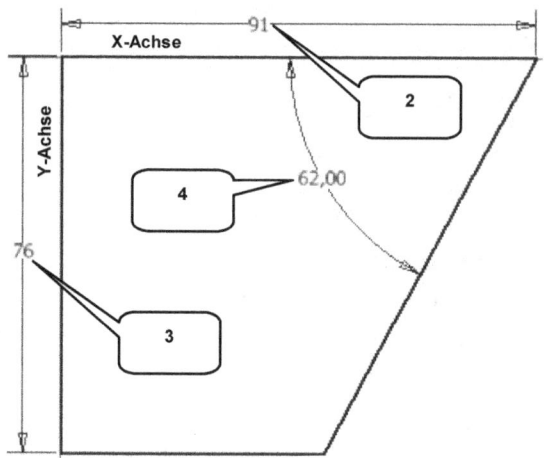

- **Geometrie projizieren**
- X-, Y-, Z-Achse nacheinander wählen
- **Taste: ESC**
- Projizierte Achsen markieren

- **Konstruktion**
- **Taste: ESC**

- **Linie, Bemaßung**
- Geschl. Kontur zeichnen und bemaßen
- 1. Länge: [91] mm (2)
- 2. Länge: [76] mm (3)
- 3. Winkel: [62] Grad (4)

- **Skizze fertig stellen**

6.11   2D-Skizze auf 1. Arbeitsebene erzeugen

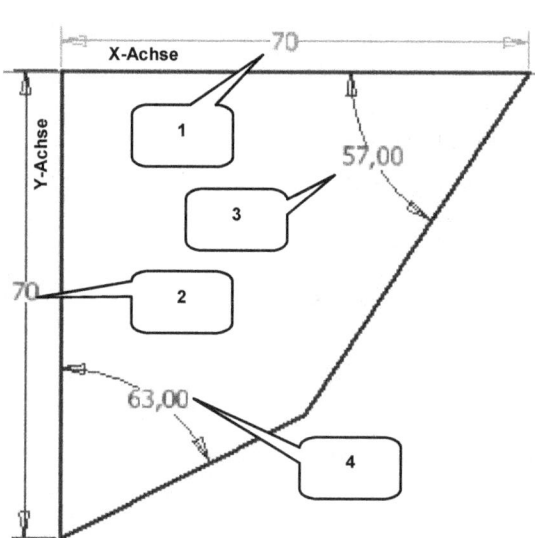

- „Arbeitsebene1" im Modellbaum markieren

- **2D-Skizze starten**
- **ViewCube-Ansicht: OBEN**

- Sichtbarkeit von „Skizze4" entfernen

- **Geometrie projizieren**
- X-, Y-, Z-Achse projizieren
- **Taste: ESC**
- Projizierte Achsen markieren und als **Konstruktion** definieren

- **Linie, Bemaßung**
- Geschl. Kontur zeichnen und bemaßen
- 1. Länge: [70] mm (1)
- 2. Länge: [70] mm (2)
- 3. Winkel: [57] Grad (3)
- 4. Winkel: [63] Grad (4)

- **Skizze fertig stellen**

6.12 2D-Skizze auf XY-Ebene erzeugen

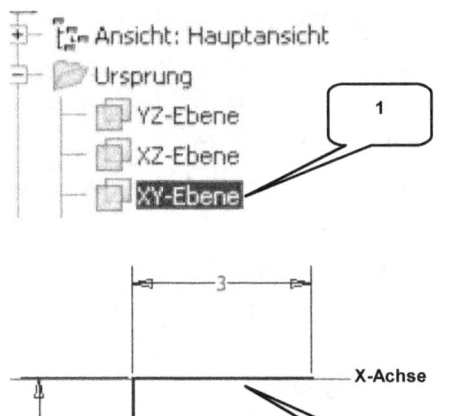

> "XY-Ebene" im Modellbaum markieren (1)

> **2D-Skizze starten**
> **ViewCube-Ansicht: OBEN**

> Sichtbarkeit von "Skizze5" entfernen

> **Geometrie projizieren**
> X-, Y-, Z-Achse projizieren
> **Taste: ESC**
> Projizierte Achsen markieren und als **Konstruktion** definieren

> **Linie, Bemaßen**
> 2 Linien zeichnen und bemaßen
> 1. Linie [3] mm (2)
> 2. Linie: [3] mm (3)

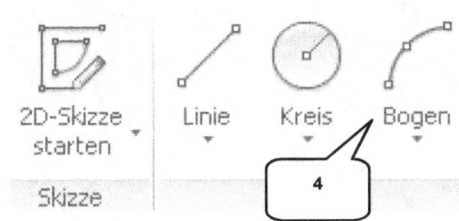

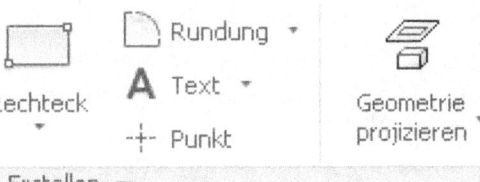

> **Bogen durch drei Punkte** (4)
> 1. Punkt wählen (5)
> 2. Punkt wählen (6)
> Maus leicht nach rechts unten ziehen
> Wert für Radius: [3] mm (7)
> **Taste: ENTER**
> **Taste: ESC**

> **Skizze fertig stellen**

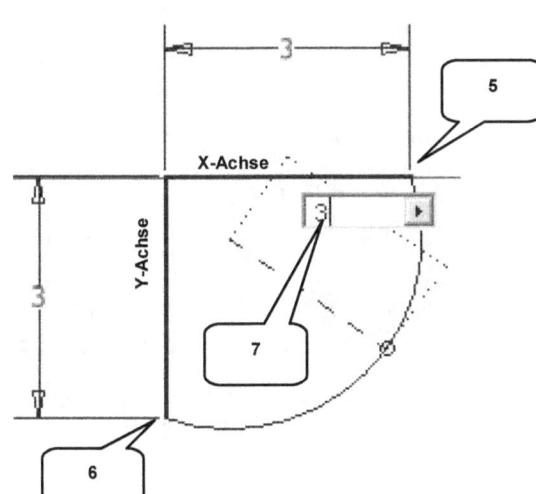

- Basisrumpf -

6.13 2D-Skizzen einblenden, Ebenen ausblenden

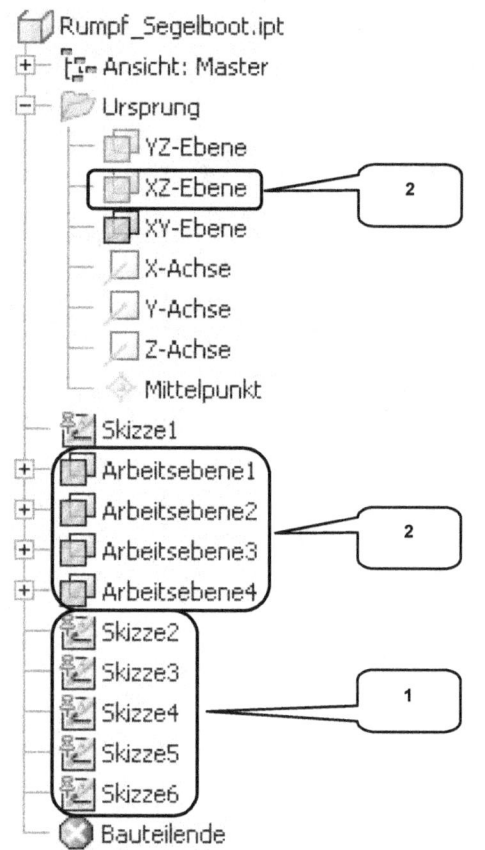

- Skizzen einblenden:
- Skizze 2 bis 5 im Modellbaum bei gedrückter **Taste: STRG** und linker Maustaste nacheinander markieren (1)
- Mit rechter Maustaste auf eine der markierten Skizzen klicken
- Haken bei „Sichtbarkeit" setzen (alle 5 Skizzen sollten jetzt sichtbar sein)

- Ebenen ausblenden:
- XY-Ebene und Arbeitsebenen 1 bis 4 im Modellbaum bei gedrückter **Taste: STRG** und linker Maustaste nacheinander markieren (2)
- Mit rechter Maustaste auf eine der markierten Ebenen klicken
- Haken bei „Sichtbarkeit" entfernen (alle Ebenen sollten ausgeblendet sein)

6.14 Volumenkörper als Erhebung erzeugen

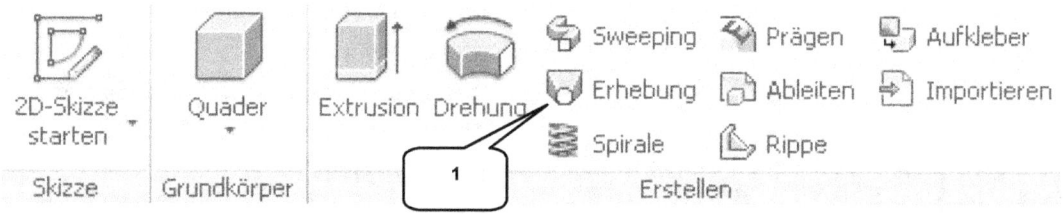

Mit dem Befehl **Erhebung** (1) können Konturen aus mehreren 2D-Skizzen miteinander verbunden werden. Das dabei resultierende Volumen- oder Flächenmodell kann zusätzlich entlang verschiedener Pfade geführt werden.

- Basisrumpf -

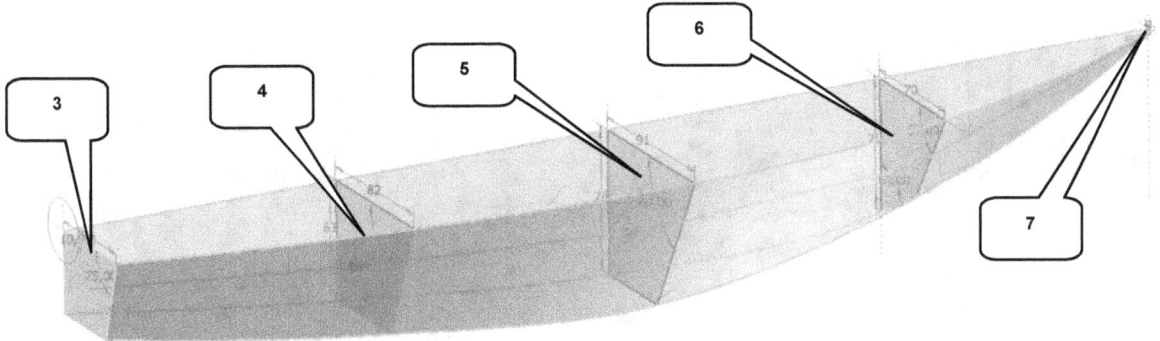

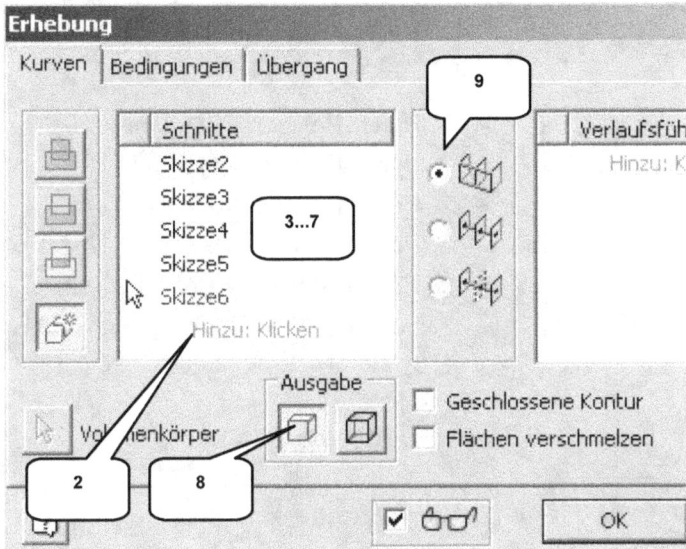

- **Erhebung** (1)
- Hinzu: Klicken (2)
- Nacheinander „Skizze2", „Skizze3", „Skizze4", „Skizze5" und „Skizze6" in selbiger Reihenfolge im Modellbaum wählen (3...7)
- Option: Volumenkörper (8)
- Option: Verlaufsführung (9)
- **OK**

6.15 Volumenkörper abrunden (variable Rundung)

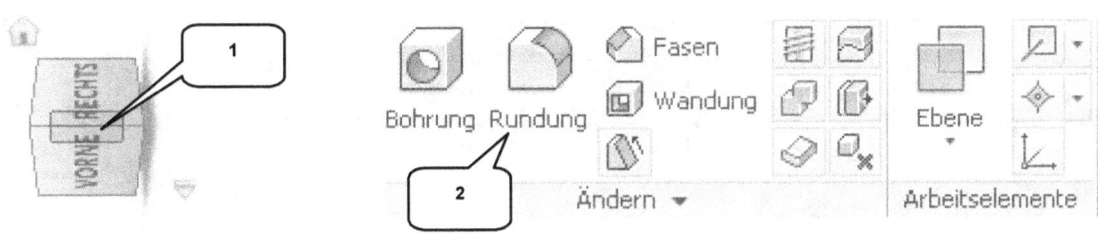

- **ViewCube-Ansicht:** Kante zwischen **VORNE** und **RECHTS** (1)

- Basisrumpf -

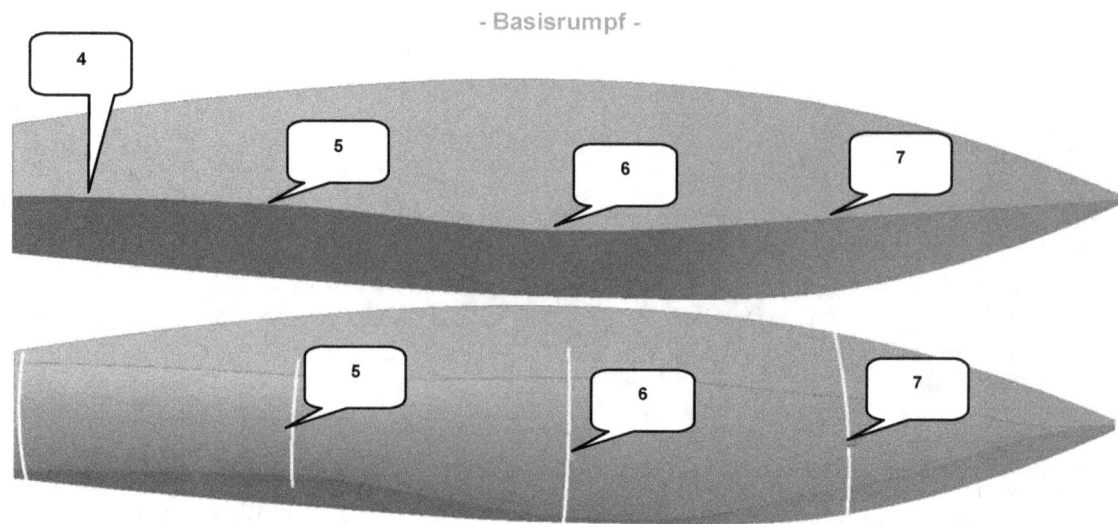

- ➢ **Rundung** (2)
- ➢ Reiter: Variabel (3)
- ➢ Markierte Kante wählen (4)
- ➢ 1. Punkt auf Kante setzen (5)
- ➢ 2. Punkt auf Kante setzen (6)
- ➢ 3. Punkt auf Kante setzen (7)
- ➢ Startpunkt-Radius: [50] mm (8)
- ➢ Endpunkt-Radius: [3] mm (9)
- ➢ 1. Punkt-Radius: [50] mm (10)
- ➢ 1. Punkt-Position: [0,25] mm (10)
- ➢ 2. Punkt-Radius: [75] mm (11)
- ➢ 2. Punkt-Position: [0,5] mm (11)
- ➢ 3. Punkt-Radius: [100] mm (12)
- ➢ 3. Punkt-Position: [0,75] mm (12)
- ➢ Aktivieren: Radiusübergang glätten (13)
- ➢ **OK**

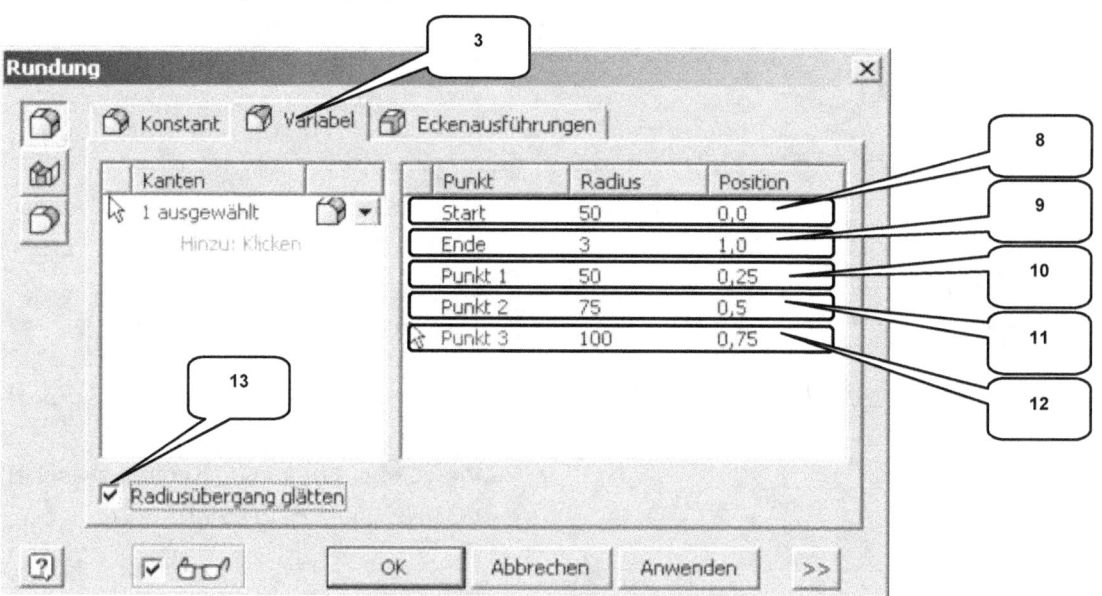

6.16 Volumenkörper spiegeln

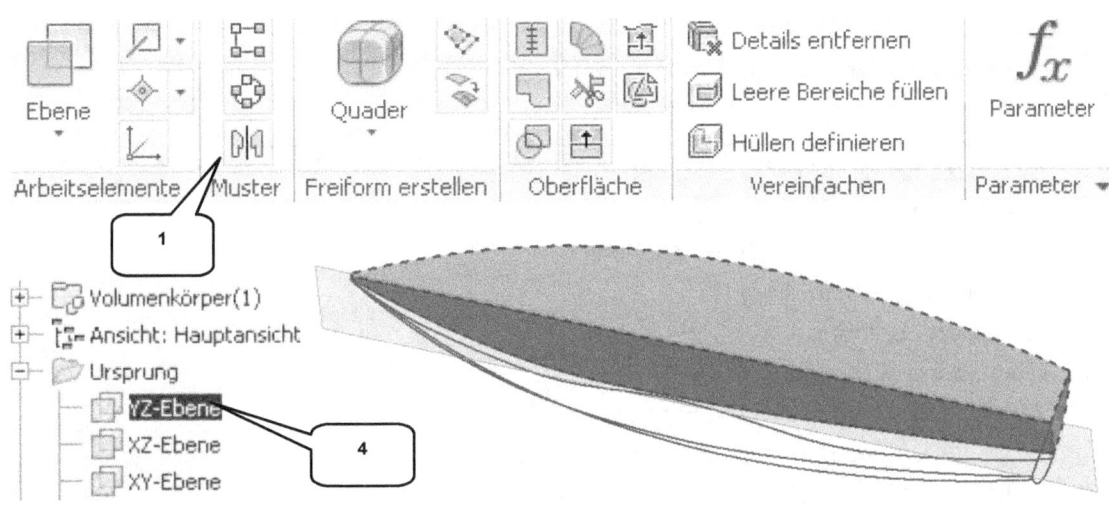

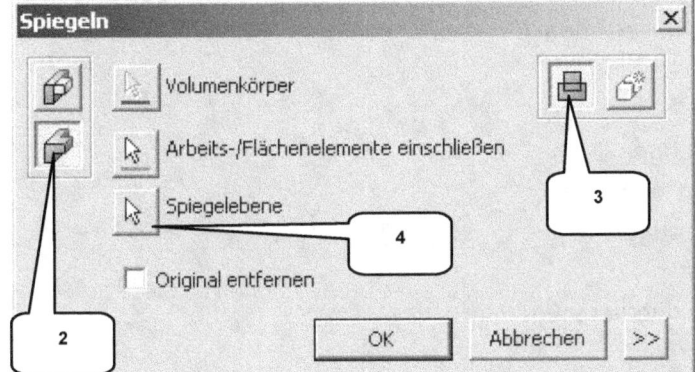

- **Spiegeln** (1)
- Option: Volumenkörper (2)
- Option: Vereinigung (3)
- Spiegelebene: YZ-Ebene (4)
- **OK**

HINWEIS: Ein freies Drehen der Ansicht ist auch durch ein Bewegen der Maus bei gedrückter *Taste: SHIFT*, in Kombination mit der mittleren Maustaste (Scrollrad-Taste) möglich.

7 Aufbauten (Speedboot)

Agenda

- 2D-Skizze für Basiskörper zeichnen
- Basiskörper extrudieren
- 2D-Skizze für Differenzkörper zeichnen
- Differenzkörper extrudieren
- Aufbauten abrunden
- Trennebene erzeugen
- Volumenkörper in zwei Hälften trennen
- Kopie der Datei als „Rumpf_Segelboot" speichern
- Aufbauten mit Wandstärke versehen
- Ebene für neue 2D-Skizze erzeugen
- 2D-Skizze für Lüftungsöffnungen zeichnen
- Lüftungsöffnung einfügen
- Bugspitze mit Kugel versehen
- Ebene für neue 2D-Skizze erzeugen
- 2D-Skizze für Dachverstrebung zeichnen
- Dachverstrebung als Rippe erzeugen
- Spiegeln der Dachverstrebung
- 2D-Skizze für Fensteraussparungen erzeugen
- Fensteraussparungen extrudieren
- Farben zuweisen
- Sichtbarkeit der Ebenen entfernen, Datei speichern

- Aufbauten (Speedboot) -

7.1 2D-Skizze für Basiskörper zeichnen

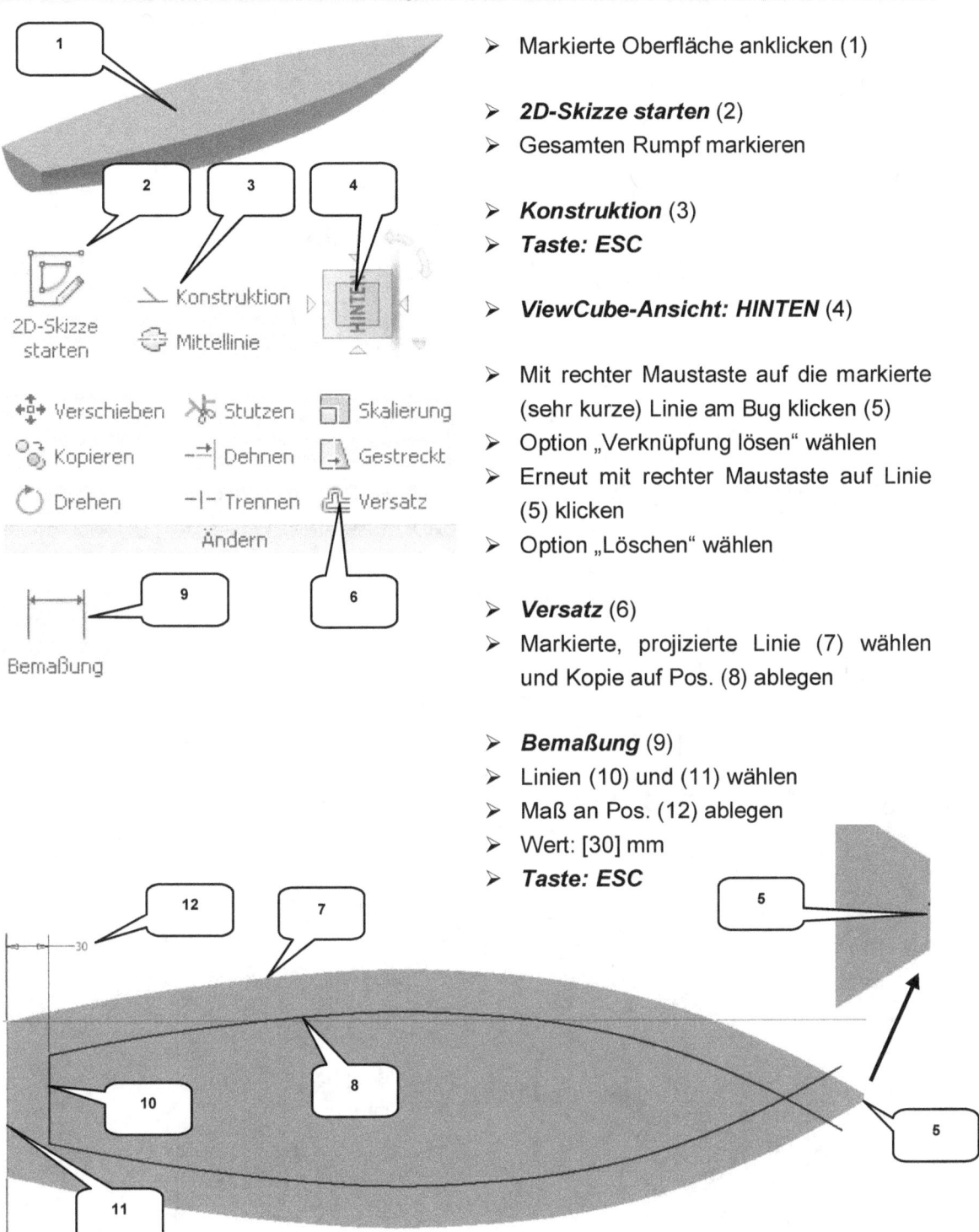

- Markierte Oberfläche anklicken (1)

- **2D-Skizze starten** (2)
- Gesamten Rumpf markieren

- **Konstruktion** (3)
- **Taste: ESC**

- **ViewCube-Ansicht: HINTEN** (4)

- Mit rechter Maustaste auf die markierte (sehr kurze) Linie am Bug klicken (5)
- Option „Verknüpfung lösen" wählen
- Erneut mit rechter Maustaste auf Linie (5) klicken
- Option „Löschen" wählen

- **Versatz** (6)
- Markierte, projizierte Linie (7) wählen und Kopie auf Pos. (8) ablegen

- **Bemaßung** (9)
- Linien (10) und (11) wählen
- Maß an Pos. (12) ablegen
- Wert: [30] mm
- **Taste: ESC**

- Aufbauten (Speedboot) -

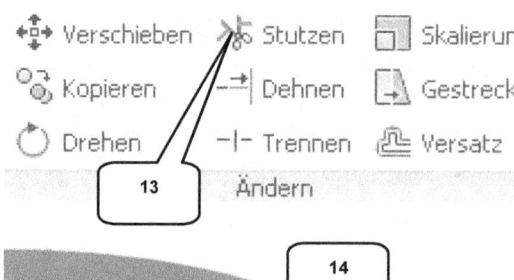

> **Stutzen** (13)
> Markierte Linienenden wählen (14)
> **Taste: ESC**
>
> **Skizze fertig stellen**

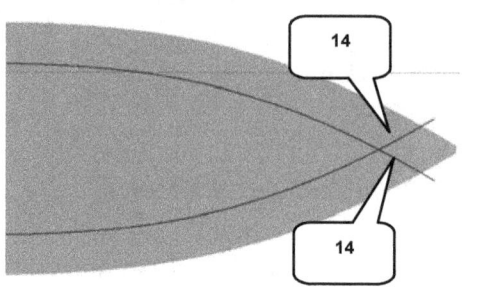
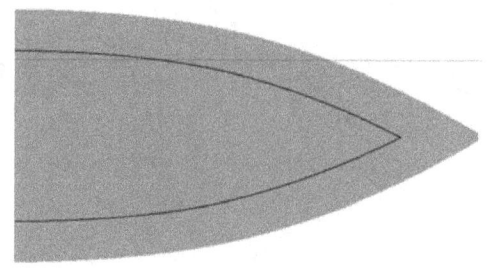

7.2 Basiskörper extrudieren

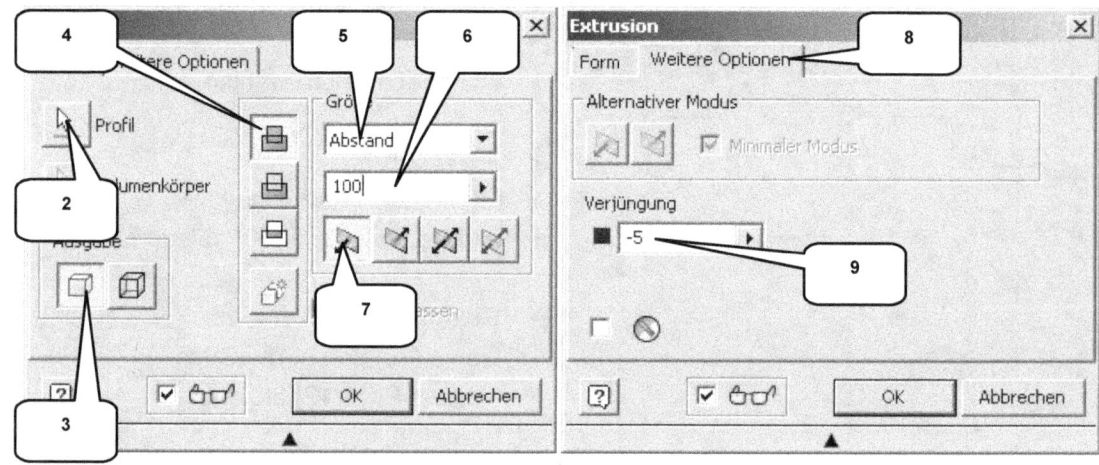

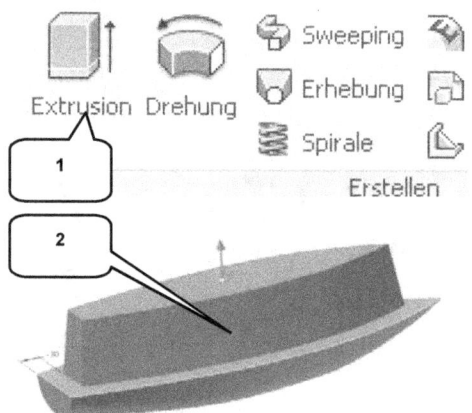

> **Extrusion** (1)
> Profil wird automatisch erkannt (2)
> Ausgabe: Volumenkörper (3)
> Option: Vereinigung (4)
> Größe: Abstand (5)
> Wert: [100] mm (6)
> Richtung: 1 (7)
> Reiter: Weitere Optionen: (8)
> Verjüngung: [-5] Grad (9)
> **OK**

7.3 2D-Skizze für Differenzkörper zeichnen

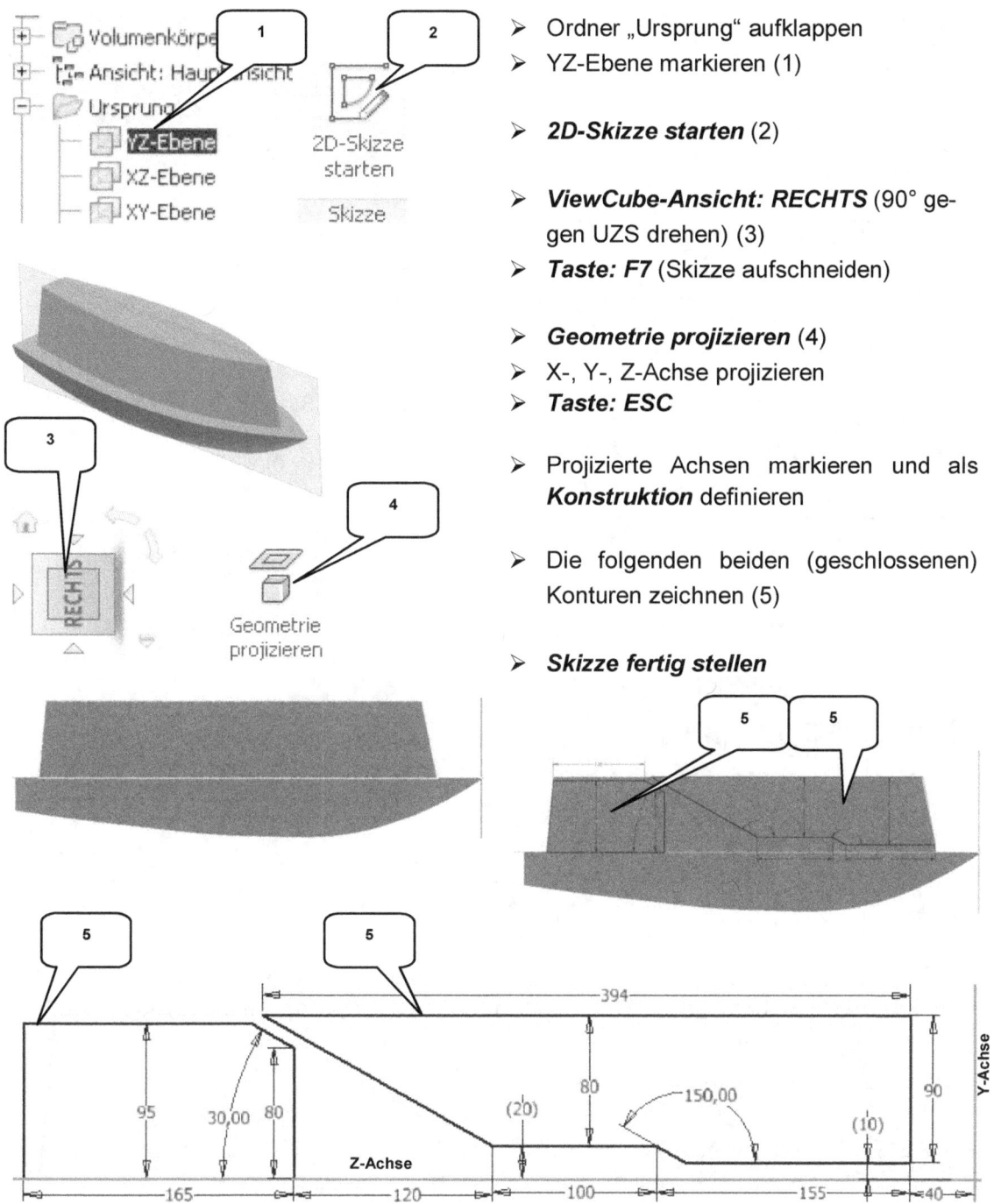

- Ordner „Ursprung" aufklappen
- YZ-Ebene markieren (1)

- **2D-Skizze starten** (2)

- **ViewCube-Ansicht: RECHTS** (90° gegen UZS drehen) (3)
- **Taste: F7** (Skizze aufschneiden)

- **Geometrie projizieren** (4)
- X-, Y-, Z-Achse projizieren
- **Taste: ESC**

- Projizierte Achsen markieren und als **Konstruktion** definieren

- Die folgenden beiden (geschlossenen) Konturen zeichnen (5)

- **Skizze fertig stellen**

7.4 Differenzkörper extrudieren

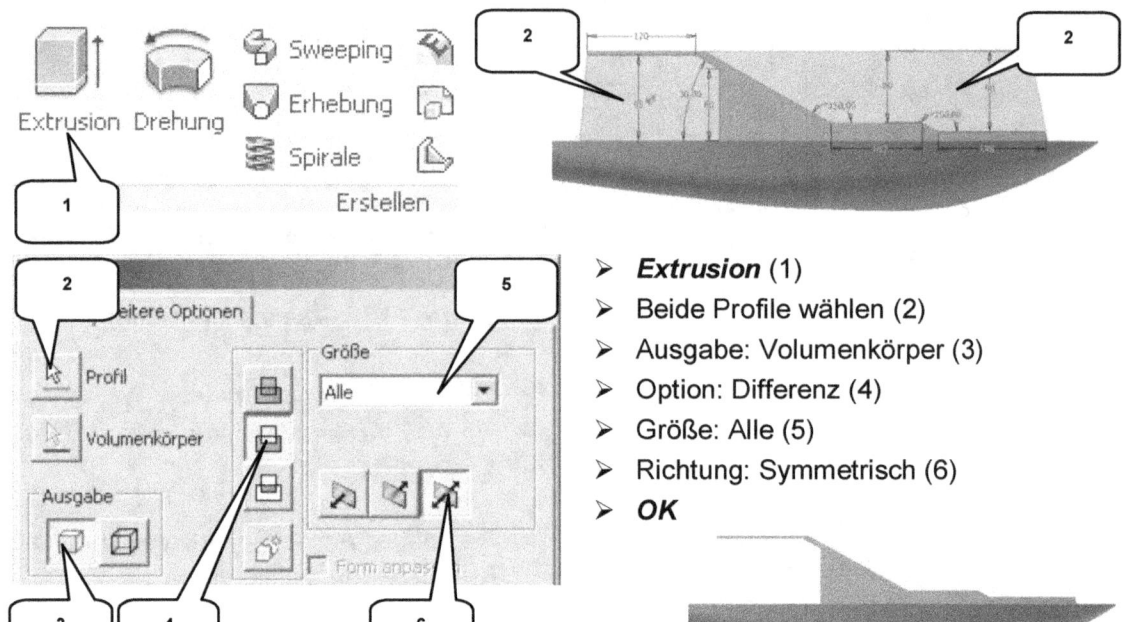

- **Extrusion** (1)
- Beide Profile wählen (2)
- Ausgabe: Volumenkörper (3)
- Option: Differenz (4)
- Größe: Alle (5)
- Richtung: Symmetrisch (6)
- **OK**

7.5 Aufbauten abrunden (konstante Rundung)

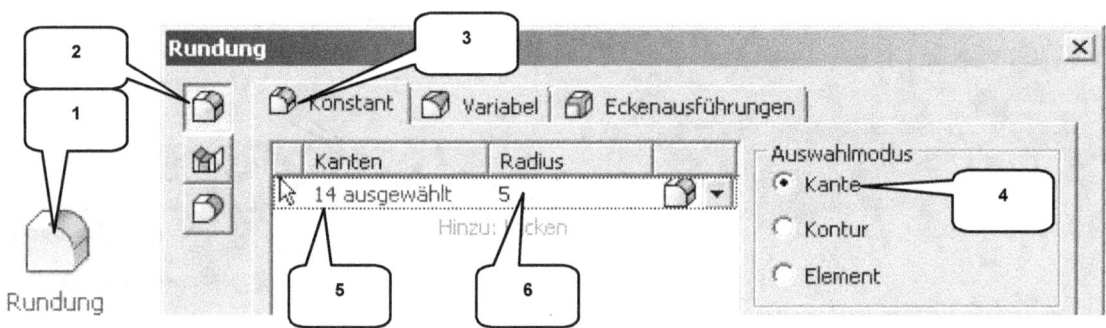

- **Rundung** (1)
- Option: Kantenabrundung (2)
- Option: Konstant (3)
- Auswahlmodus: Kante (4)

- Kanten (5) wählen (insgesamt 14, siehe Abb. auf der folgenden Seite)
- Radius: [5] mm (6)
- **OK**

HINWEIS: Markierte Kanten können wieder deaktiviert werden, indem sie bei gedrückter **Taste: STRG** in Kombination mit der linken Maustaste angeklickt werden.

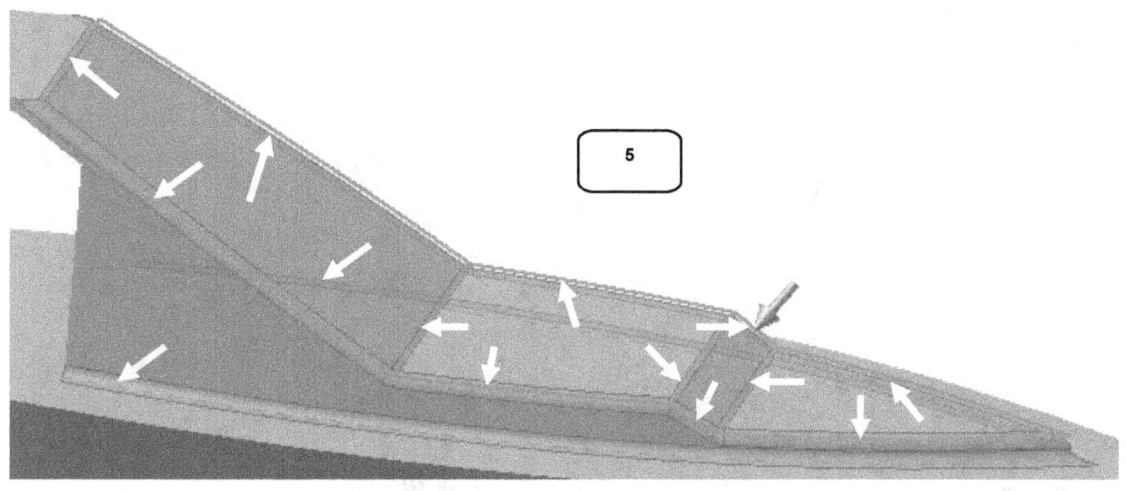

7.6 Trennebene erzeugen

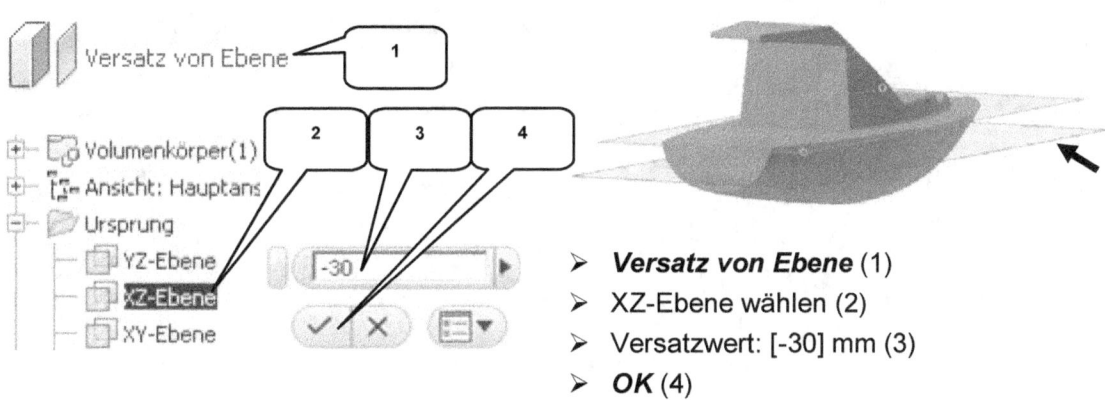

- **Versatz von Ebene** (1)
- XZ-Ebene wählen (2)
- Versatzwert: [-30] mm (3)
- **OK** (4)

7.7 Volumenkörper in zwei Hälften teilen

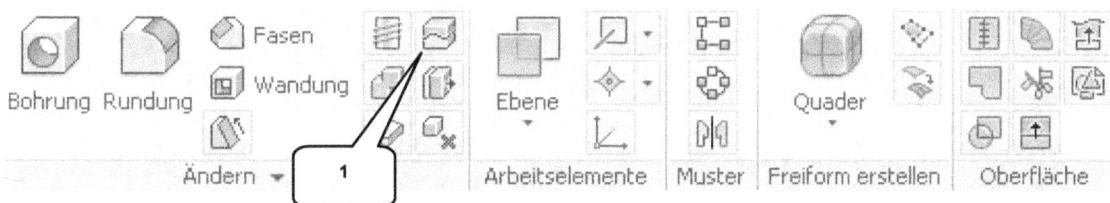

- **Trennen** (1)
- Option: Volumenkörper teilen (2)
- Trennwerkzeug: Arbeitsebene (3)
- **OK**

- Arbeitsebene markieren (3)
- Rechte Maustaste > Option „Sichtbarkeit" deaktivieren

- Aufbauten (Speedboot) -

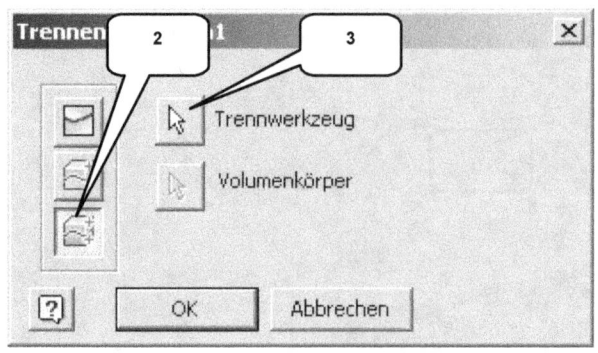 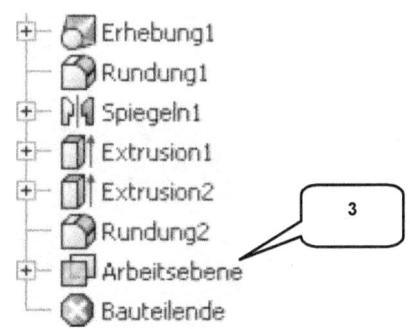

7.8 Kopie der Datei als „Rumpf_Segelboot" speichern

- **Hauptmenü** (1)
- **Speichern unter** (2)
- **Kopie speichern unter** (3)
- Dateiname: [Rumpf_Segelboot] (4)
- Dateityp: *.ipt
- **Speichern**

7.9 Aufbauten mit einer Wandstärke versehen

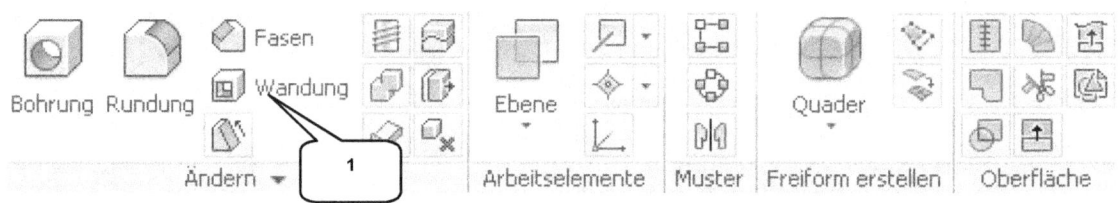

- **Wandung** (1)
- Option: Innerhalb (2)
- Flächen entfernen: Fläche (3) wählen

- Aktivieren: Angrenzende Flächen (4)
- Stärke: [0,5] mm (5)
- **OK**

HINWEIS: Nach dem Trennen des Volumenkörpers werden im Modellbaum (Ordner: Volumenkörper) zwei Volumenkörper angezeigt, welche einzeln bearbeitet werden können.

- Aufbauten (Speedboot) -

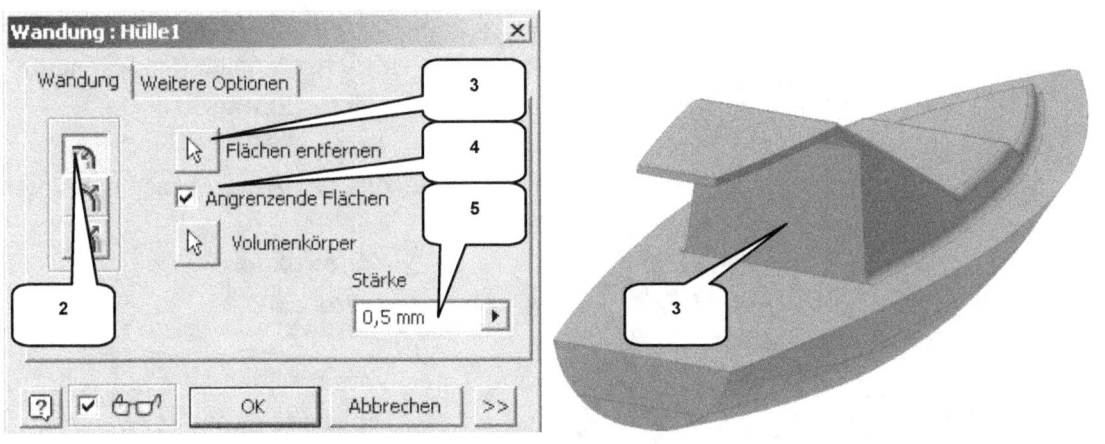

7.10 Ebene für neue 2D-Skizze erzeugen

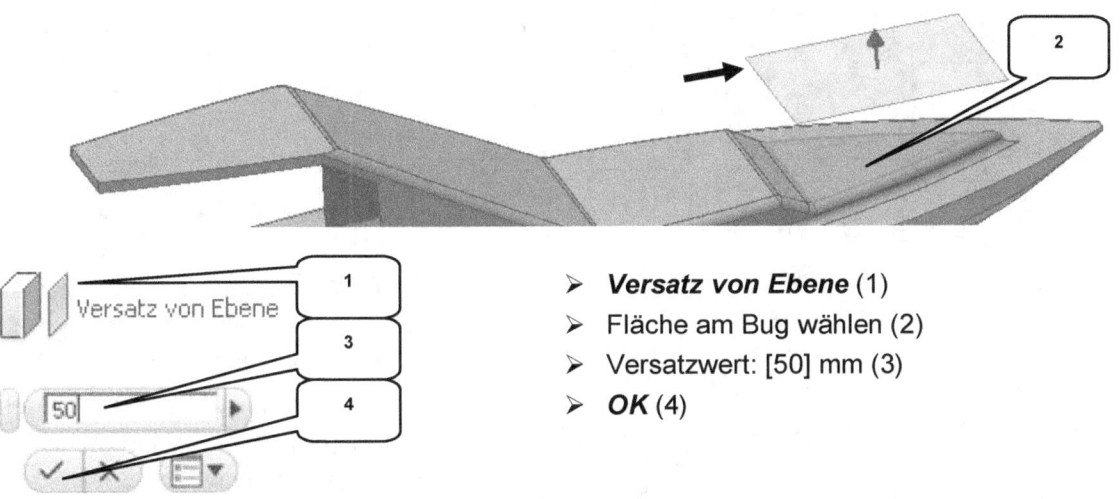

- ➢ **Versatz von Ebene** (1)
- ➢ Fläche am Bug wählen (2)
- ➢ Versatzwert: [50] mm (3)
- ➢ **OK** (4)

7.11 2D-Skizze für Lüftungsöffnungen zeichnen

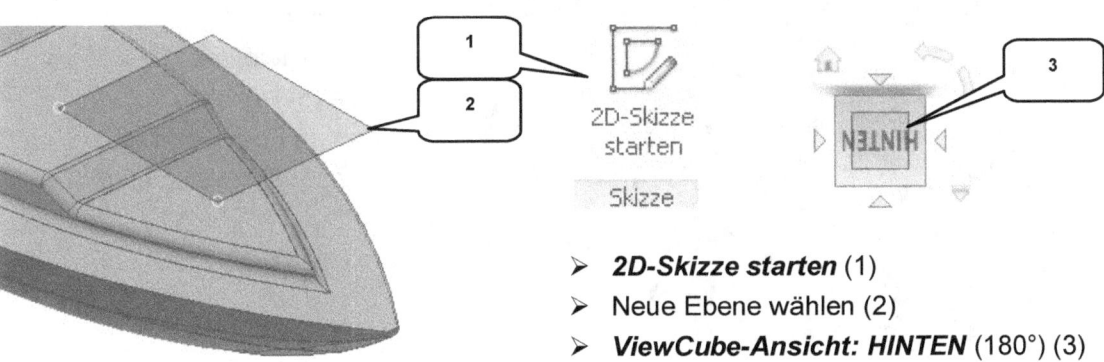

- ➢ **2D-Skizze starten** (1)
- ➢ Neue Ebene wählen (2)
- ➢ **ViewCube-Ansicht: HINTEN** (180°) (3)

- Aufbauten (Speedboot) -

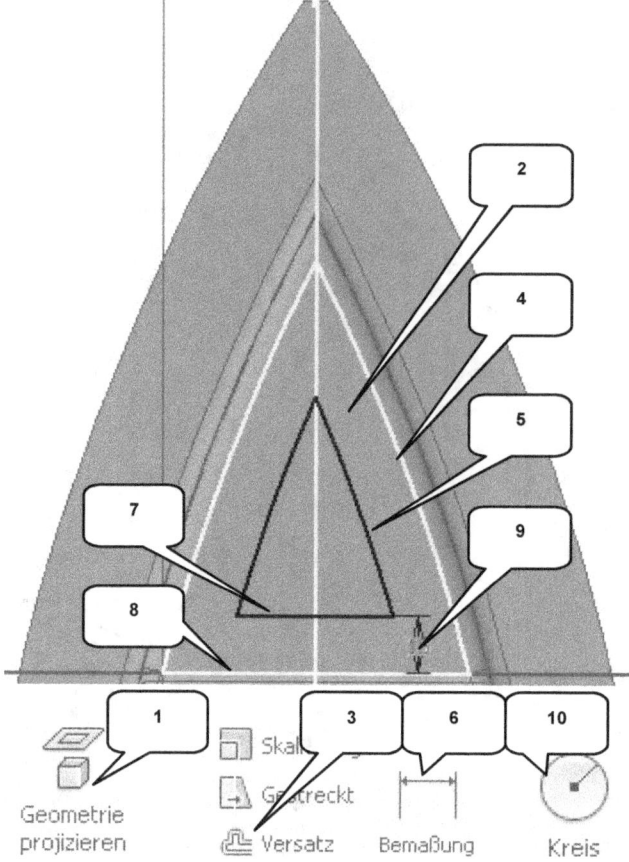

- **Geometrie projizieren** (1)
- Z-Achse wählen (Modellbaum)
- Fläche (2) wählen
- **Taste: ESC**
- Alle projizierten Linien markieren

- **Konstruktion**
- **Taste: ESC**

- **Versatz** (3)
- Projizierte Kontur (4) wählen
- Kopie an Pos. (5) ablegen
- **Taste: ESC**

- **Bemaßung** (6)
- Linien (7, 8) nacheinander wählen
- Maß an Pos. (9) ablegen
- Bemaßungswert: [15] mm
- **OK**
- **Taste: ESC**

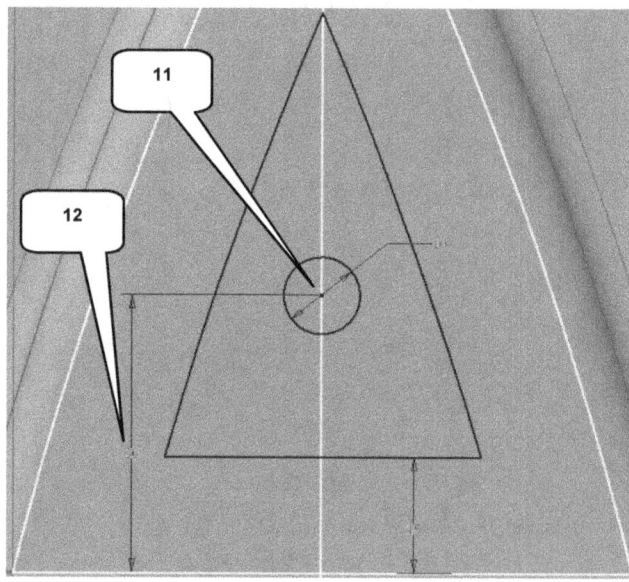

- **Kreis durch Mittelpunkt** (10)
- Mittelpunkt an Pos. (11) ablegen
- Durchmesser: [10] mm
- **Taste: ENTER**
- **Taste: ESC**

- **Bemaßung** (6)
- Kreismittelpunkt (11) wählen
- Linie (8) wählen
- Maß an Pos. (12) ablegen
- Bemaßungswert: [36] mm
- **OK**
- **Taste: ESC**

- Aufbauten (Speedboot) -

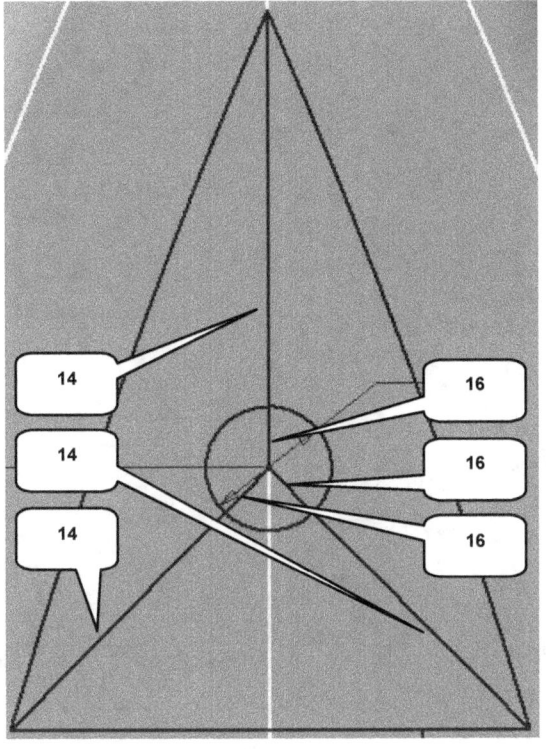
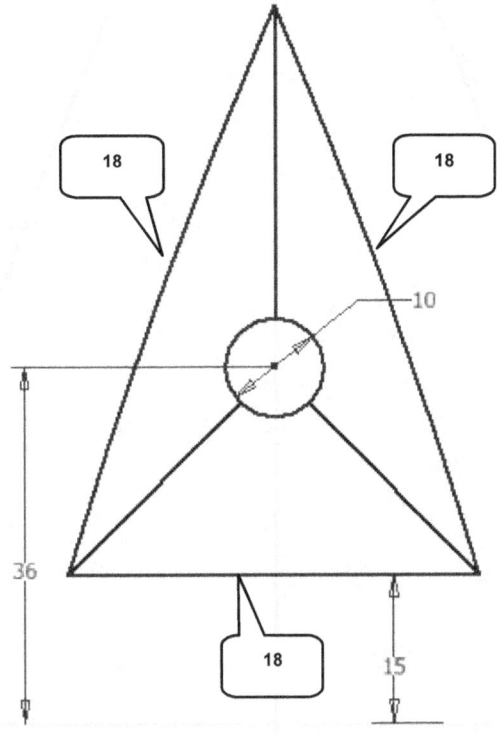

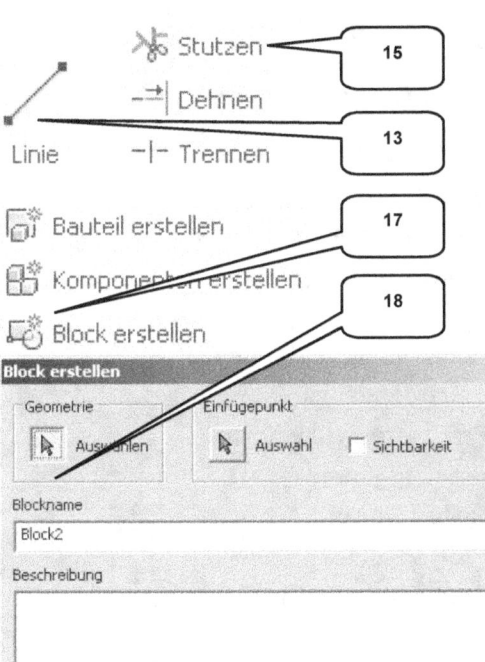

- **Linie** (13)
- Drei Linien (14) zeichnen (jeweils vom Mittelpunkt des Kreises zum Eckpunkt der versetzten Geometrie)
- **Taste: ESC**

- **Stutzen** (15)
- 3 Linienenden im Kreis (16) entfernen
- **Taste: ESC**

- **Block erstellen** (17)
- Geometrie: Drei Linien (18) wählen
- **OK**

- **Skizze fertig stellen**

- Aufbauten (Speedboot) -

7.12 Lüftungsöffnung einfügen

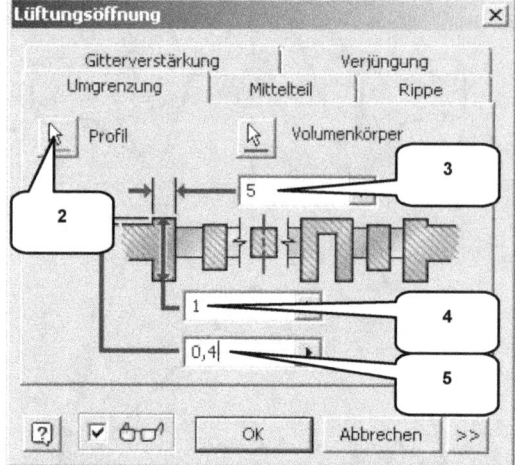
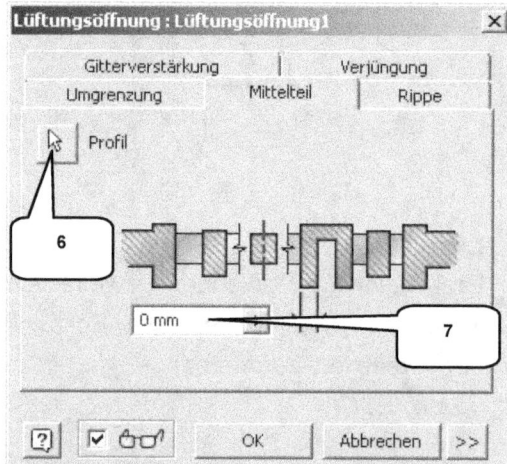
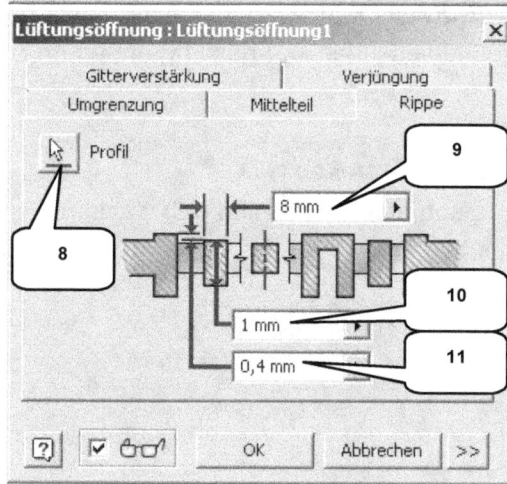
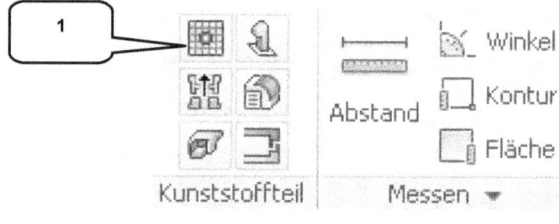
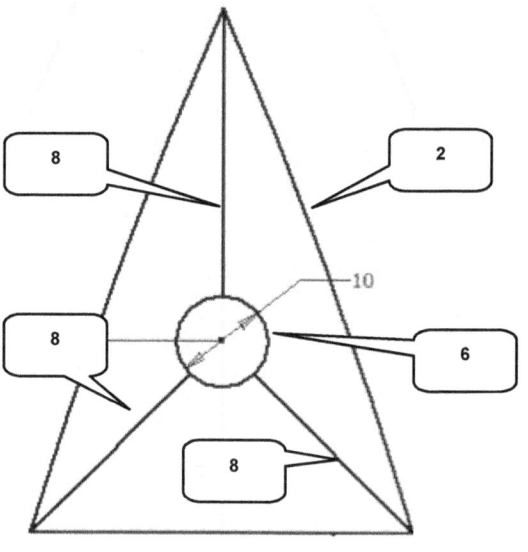

- ➢ **Lüftungsöffnung** (1)
- ➢ Reiter: Umgrenzung
- ➢ Profil: Linienkontur (2) wählen
- ➢ Breite: [5] mm (3)
- ➢ Höhe: [1] mm (4)
- ➢ Außenhöhe: [0,4] mm (5)
- ➢ Reiter: Mittelteil
- ➢ Profil: Kreis (6) wählen
- ➢ Breite: [0] mm (7)
- ➢ Reiter: Rippe
- ➢ Profil: 3 Linien (8) wählen
- ➢ Breite: [8] mm (9)
- ➢ Höhe: [1] mm (10)
- ➢ Außenhöhe: [0,4] mm (11)
- ➢ **OK**

7.13 Bugspitze mit einer Kugel versehen

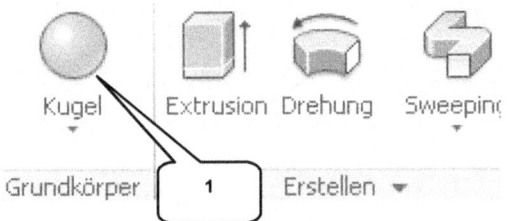

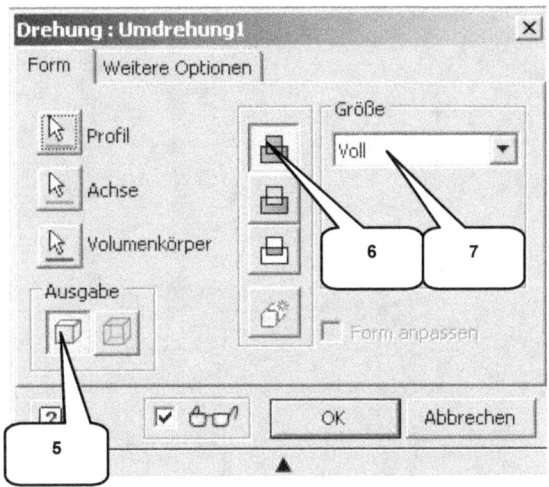

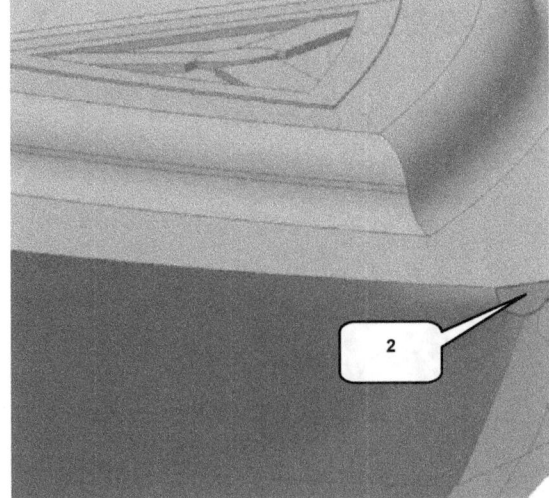

- ➢ **Kugel** (1)
- ➢ Fläche (2) an Bugspitze wählen
- ➢ Kugelmittelpunkt auf Mittelpunkt des (automatisch) projizierten Bogenmittelpunkts setzen (3)
- ➢ Durchmesser: [6,6] mm (4)
- ➢ **Taste: ENTER**
- ➢ Befehl: Drehung
- ➢ Ausgabe: Volumenkörper (5)
- ➢ Option: Vereinigung (6)
- ➢ Größe: Voll (7)
- ➢ **OK**

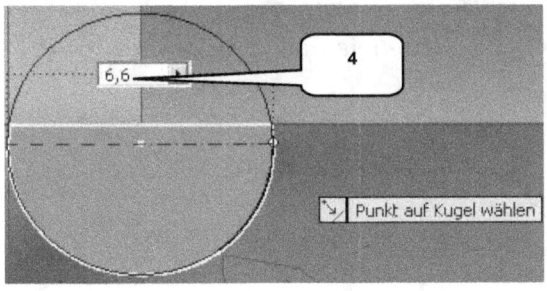

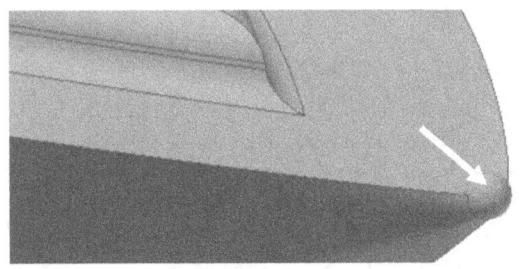

7.14 Ebene für neue 2D-Skizze erzeugen

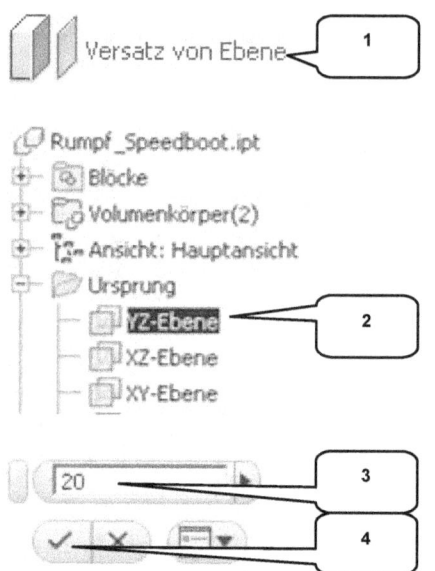

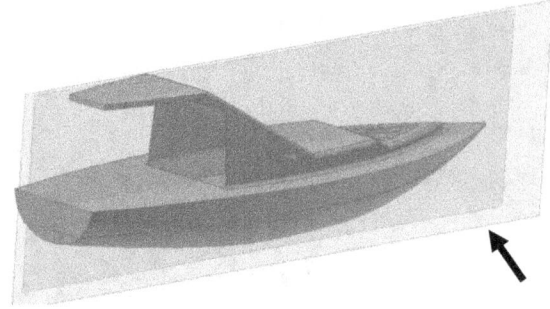

- ➢ **Versatz von Ebene** (1)
- ➢ YZ-Ebene (2) wählen
- ➢ Versatzwert: [20] mm (3)
- ➢ **OK** (4)

7.15 2D-Skizze für Dachverstrebung zeichnen

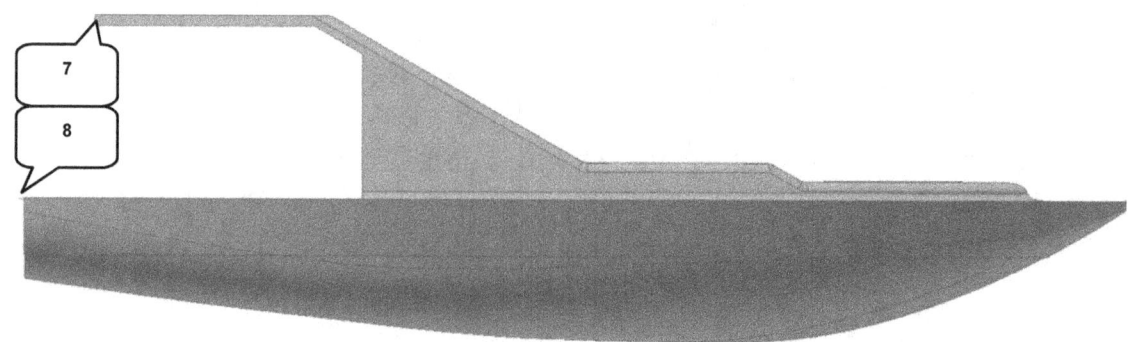

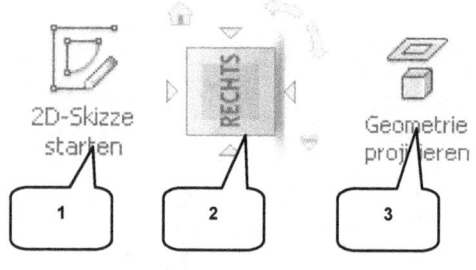

- ➢ **2D-Skizze starten** (1)
- ➢ Neu erzeugte Ebene wählen

- ➢ **ViewCube-Ansicht: RECHTS** (90° gegen UZS drehen) (2)

- ➢ **Taste: F7** (Skizze aufschneiden)

HINWEIS: Um die vier Kanten exakt projizieren zu können, sollte sehr nah an die betreffenden Bereiche herangezoomt werden.

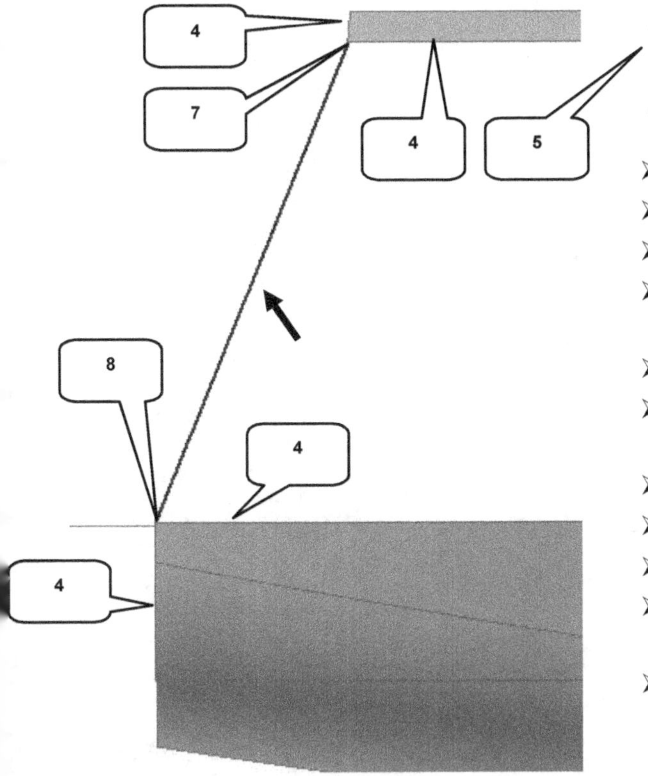

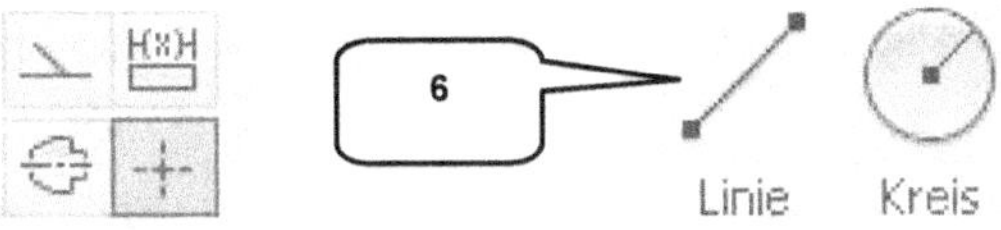

- Aufbauten (Speedboot) -

> **Geometrie projizieren** (3)
> Vier Kanten nacheinander wählen (4)
> **Taste: ESC**
> Alle projizierten Linien markieren

> **Konstruktion** (5)
> **Taste: ESC**

> **Linie** (6)
> 1. Linienpunkt: Eckpunkt (7) wählen
> 2. Linienpunkt: Eckpunkt (8) wählen
> **Taste: ESC**

> **Skizze fertig stellen**

7.16 Dachverstrebung als Rippe erzeugen

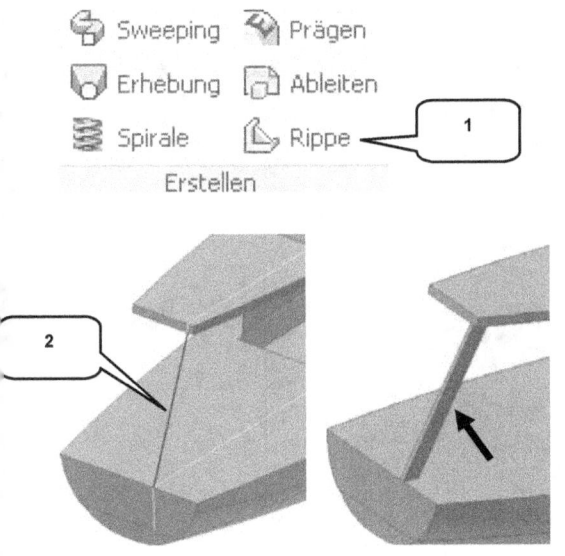

> **Rippe** (1)
> Profil: Linie (2) wählen
> Option: Parallel zur Skizzierebene (3)
> Richtung: 2 (4)
> Aktivieren: Profil dehnen (5)
> Stärke: [3] mm (6)
> Option: Symmetrisch (7)
> Option: Begrenzt (8)
> Größe: [10] mm (9)
> **OK**

- Aufbauten (Speedboot) -

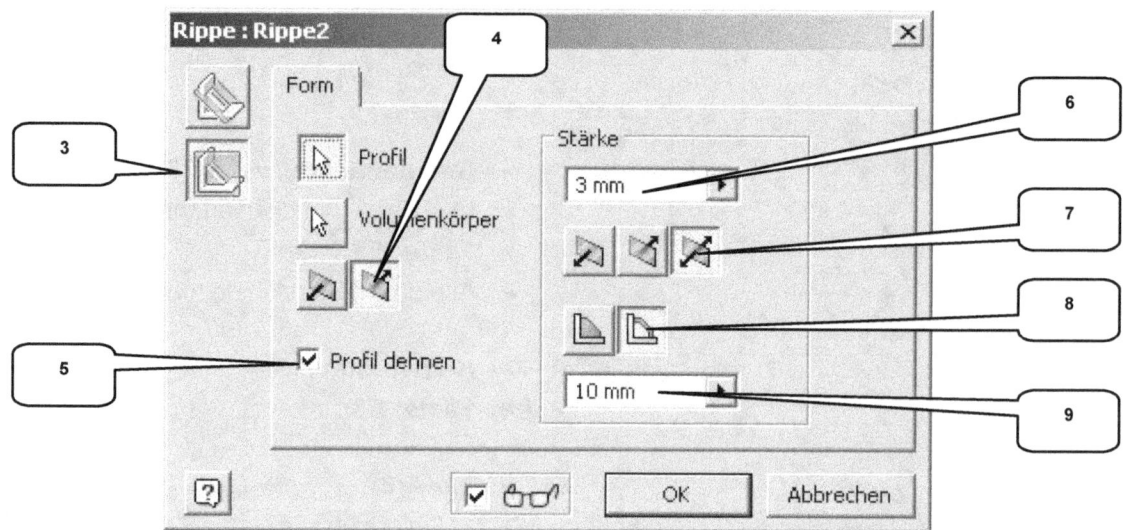

7.17 Dachverstrebung spiegeln

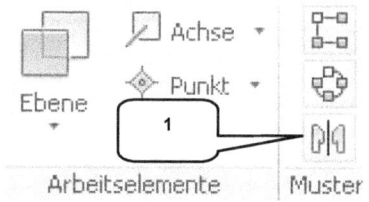

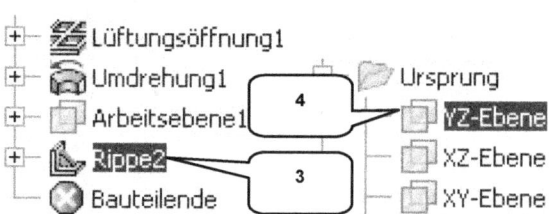

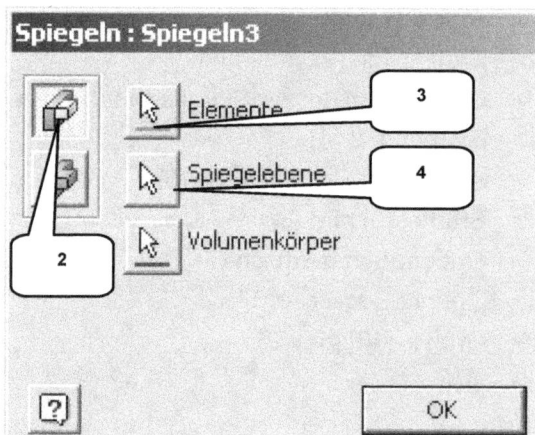

- **Spiegeln** (1)
- Option: Einzelne Elemente spiegeln (2)
- Elemente: Rippe (3)
- Spiegelebene: YZ-Ebene (4)
- **OK**

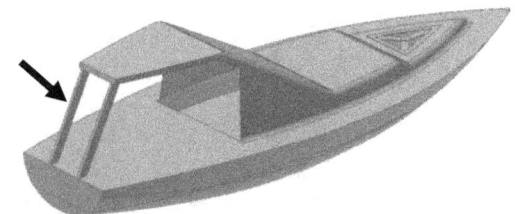

- Aufbauten (Speedboot) -

7.18 2D-Skizze für Fensteraussparungen erzeugen

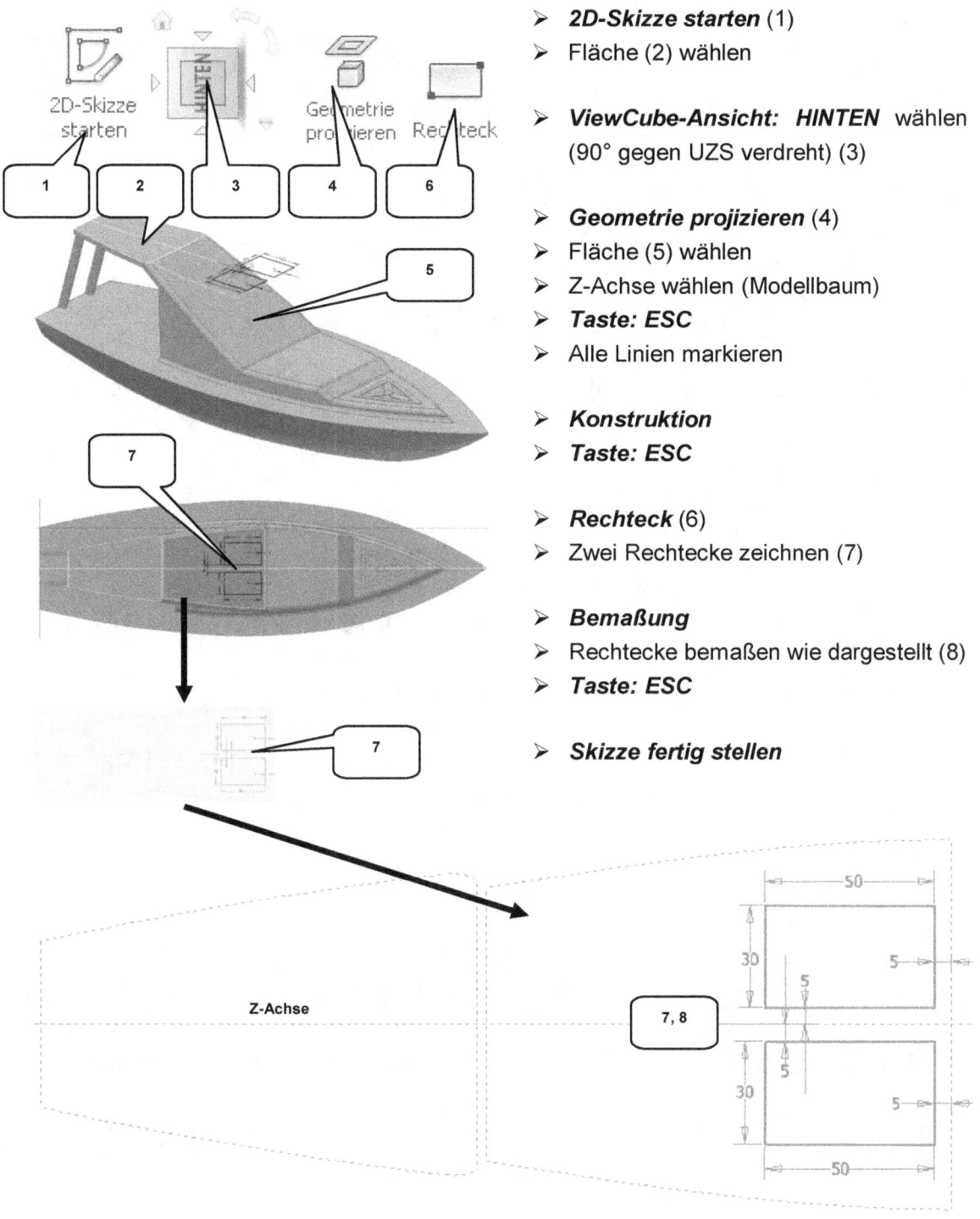

- **2D-Skizze starten** (1)
- Fläche (2) wählen

- **ViewCube-Ansicht: HINTEN** wählen (90° gegen UZS verdreht) (3)

- **Geometrie projizieren** (4)
- Fläche (5) wählen
- Z-Achse wählen (Modellbaum)
- **Taste: ESC**
- Alle Linien markieren

- **Konstruktion**
- **Taste: ESC**

- **Rechteck** (6)
- Zwei Rechtecke zeichnen (7)

- **Bemaßung**
- Rechtecke bemaßen wie dargestellt (8)
- **Taste: ESC**

- **Skizze fertig stellen**

7.19 Fensteraussparungen extrudieren

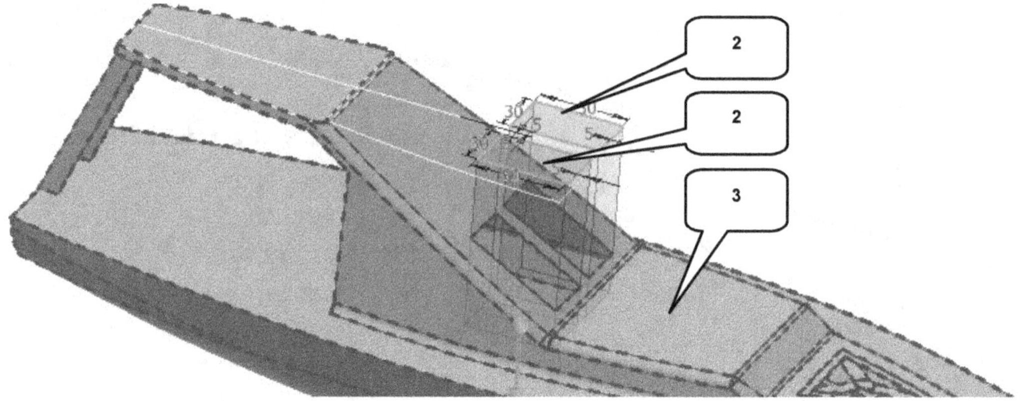

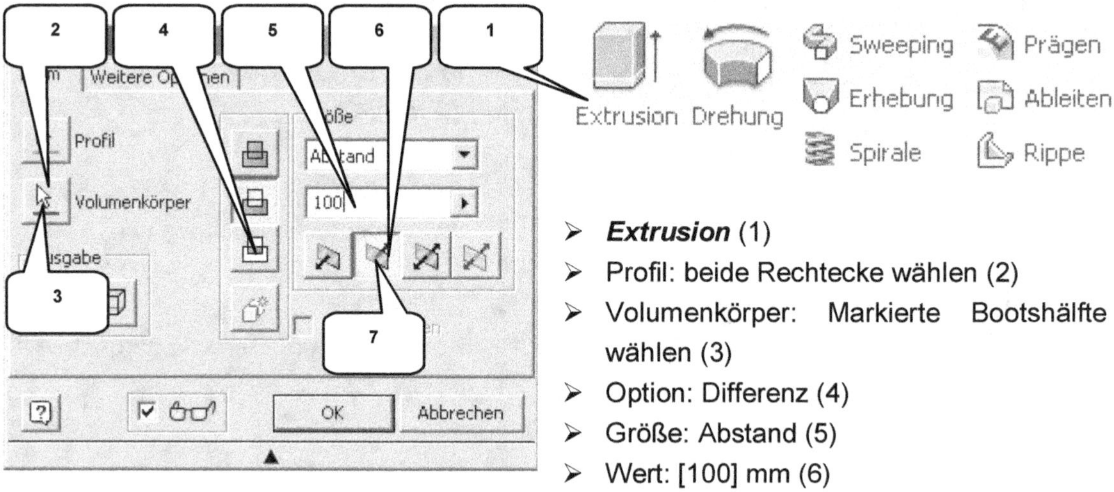

- **Extrusion** (1)
- Profil: beide Rechtecke wählen (2)
- Volumenkörper: Markierte Bootshälfte wählen (3)
- Option: Differenz (4)
- Größe: Abstand (5)
- Wert: [100] mm (6)
- Richtung: 2 (7)
- **OK**

7.20 Farben zuweisen

- „Rumpf_Speedboot" im Modellbaum markieren (1)
- Farbe z. B. „Stahlblau" wählen (2)
- **Taste: ESC**

- Aufbauten (Speedboot) -

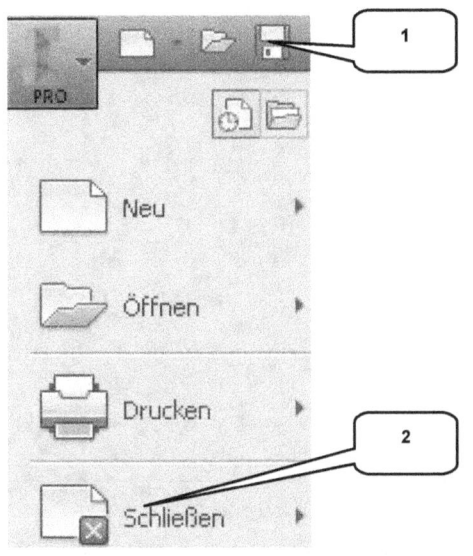

- Fläche (3) markieren (Bootsdeck)
- Farbe z. B. „Roteiche - Natur" (4) wählen
- **Taste: ESC**

- Weitere Fläche markieren und Farben nach Wunsch zuordnen

7.21 Ebenen ausblenden, Datei speichern

- Sichtbare Ebenen (im Modellbaum farblich dargestellt) bei gedrückter **Taste: STRG** markieren
- Rechte Maustaste „Sichtbarkeit" entfernen

- **Speichern** (1)
- **Datei schließen** (2)

HINWEIS: Farben können einem kompletten Bauteil oder einzelnen Flächen zugewiesen werden. Die Option „Überschreibung deaktivieren" entfernt alle gesetzten Farbüberschreibungen.

8 Aufbauten (Segelboot)

Agenda

- Datei „Rumpf_Segelboot" öffnen
- Bugspitze mit einer Kugel versehen
- 2D-Skizze für einen Materialschnitt erzeugen
- Oberen Bereich der Aufbauten schneiden
- 2D-Skizze für Sitzecke zeichnen
- Bodenbereich der Sitzecke extrudieren
- 2D-Skizze reaktivieren, Sitzbereich extrudieren
- Verschieben einer Fläche
- Aufbauten mit Wandstärke versehen
- Sitzbereich abrunden
- 2D-Skizze für Ruderhalterung zeichnen
- Ruderhalterung extrudieren
- Ruderhalterung abrunden
- 2D-Skizze für Schwert zeichnen
- Extrudieren des Schwertes
- Schwert abrunden
- 2D-Skizze für die Masthalterung zeichnen
- Drehen der Masthalterung
- Farben zuweisen, Datei speichern und schließen

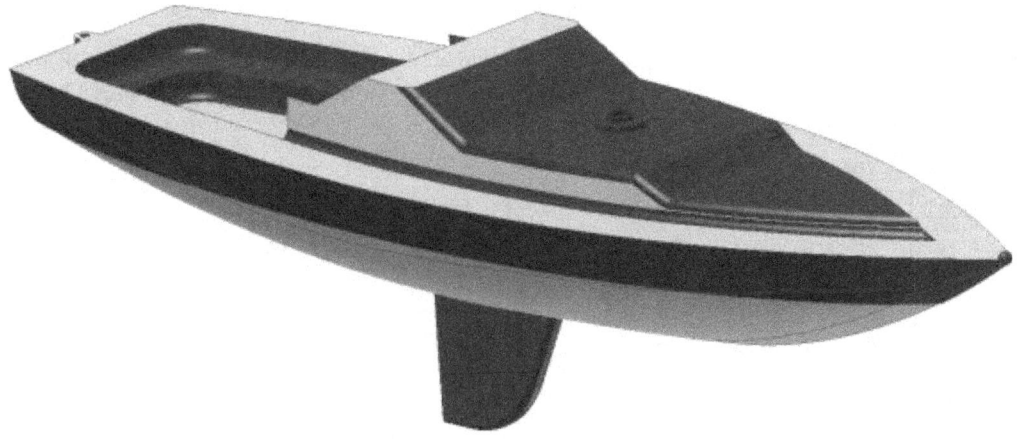

- Aufbauten (Segelboot) -

8.1 Bauteil „Rumpf_Segelboot" öffnen

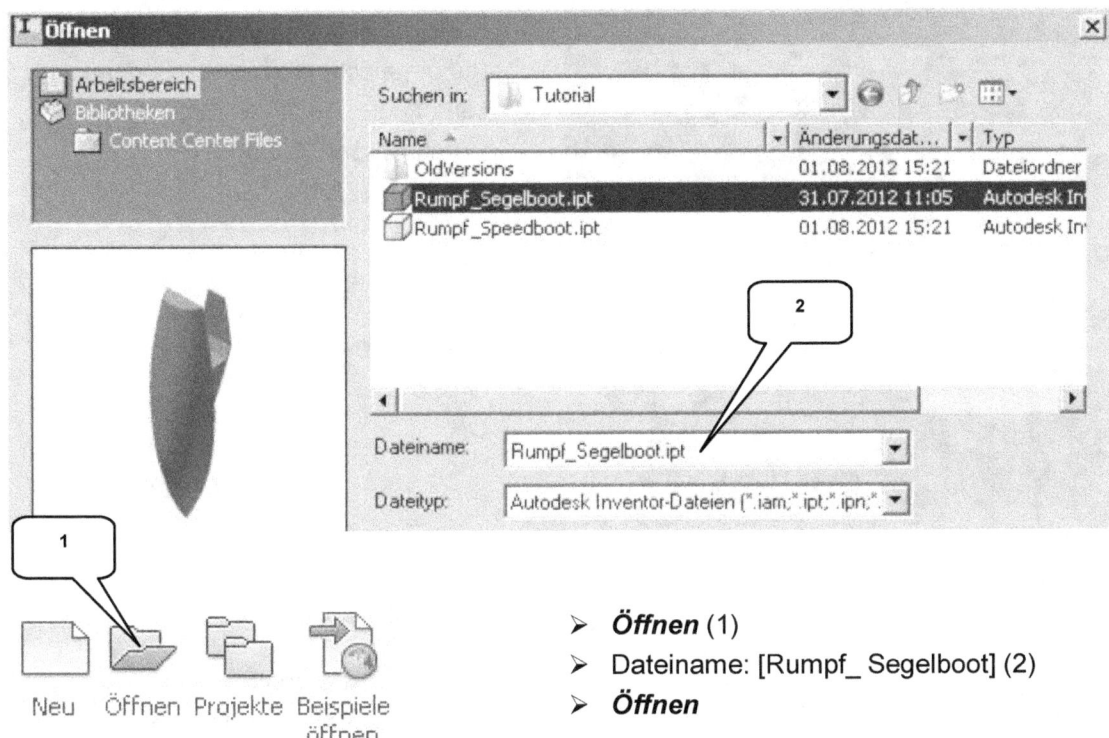

- **Öffnen** (1)
- Dateiname: [Rumpf_ Segelboot] (2)
- **Öffnen**

8.2 Bugspitze mit einer Kugel versehen

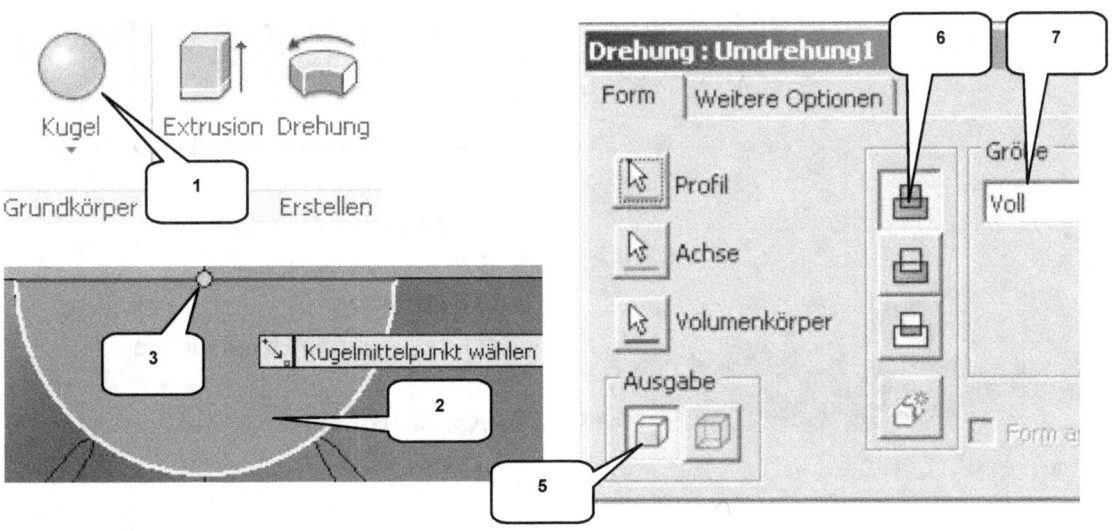

- Aufbauten (Segelboot) -

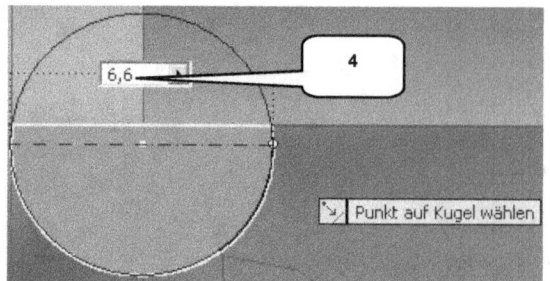

- **Kugel** (1)
- Fläche (2) an Bugspitze wählen
- Kugelmittelpunkt auf Mittelpunkt des (automatisch) projizierten Bogens setzen (3)
- Durchmesser: [6,6] mm (4)
- **Taste: ENTER**

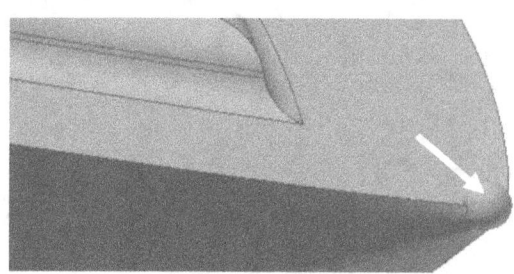

- Im Befehl: Drehung
- Ausgabe: Volumenkörper (5)
- Option: Vereinigung (6)
- Größe: Voll (7)
- **OK**

8.3 2D-Skizze für Materialschnitt zeichnen

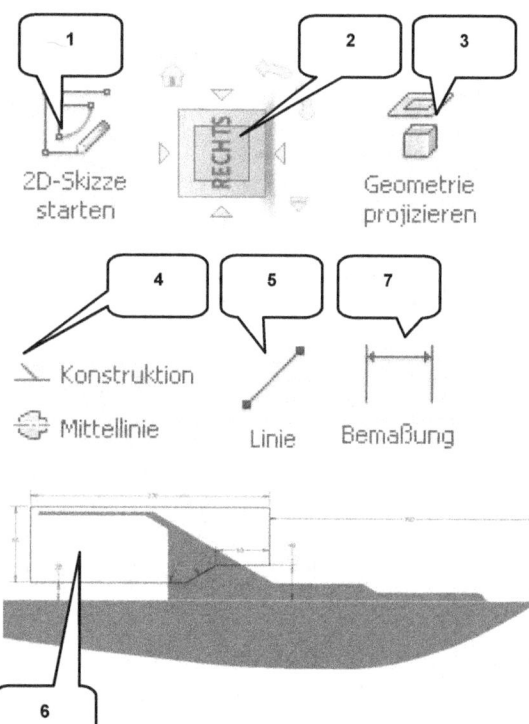

- **2D-Skizze starten** (1)
- Ordner „Ursprung" aufklappen (Modellbaum)
- YZ-Ebene wählen

- **ViewCube-Ansicht: RECHTS** (90° gegen UZS drehen) (2)

- **Taste: F7** (Skizze aufschneiden)

- **Geometrie projizieren** (3)
- X-, Y-, Z-Achse wählen
- **Taste: ESC**
- Alle projizierten Linien markieren

- **Konstruktion** (4)
- **Taste: ESC**

- Aufbauten (Segelboot) -

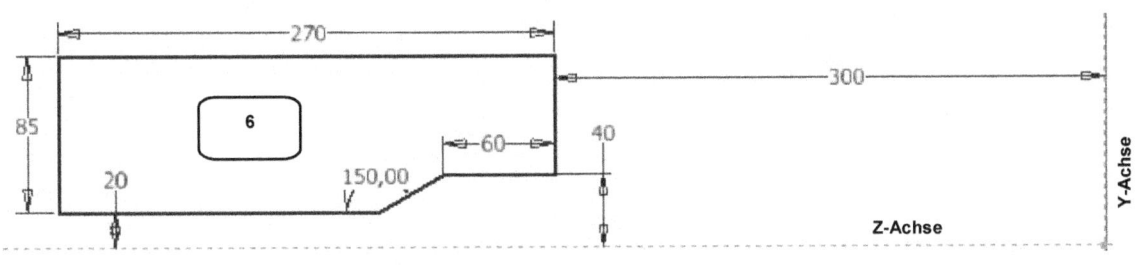

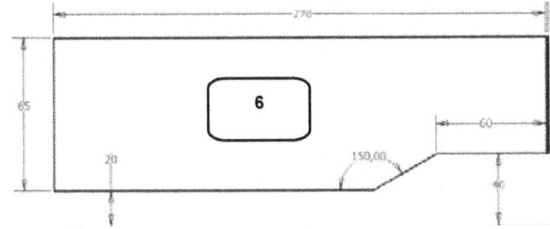

- **Linie** (5)
- Kontur (6) zeichnen
- **Taste: ESC**

- **Bemaßung** (7)
- Bemaßungen übernehmen (6)
- **Taste: ESC**

- **Skizze fertig stellen**

8.4 Materialschnitt erzeugen

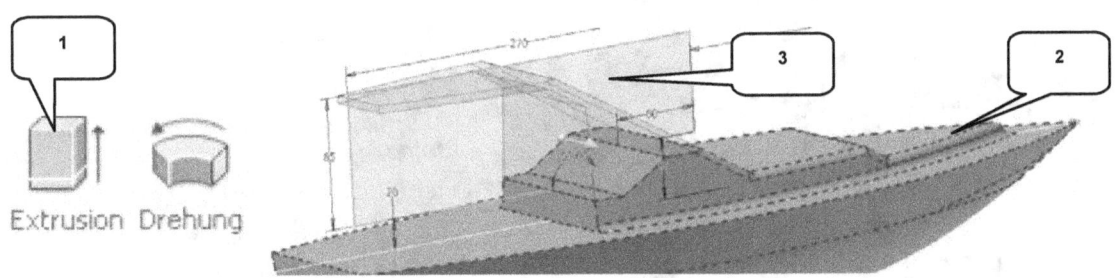

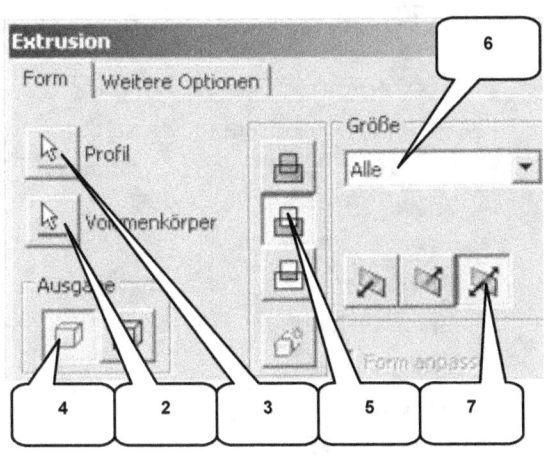

- **Extrusion** (1)
- Volumenkörper: Oberen Volumenkörper (2) wählen
- Profil: Kontur (3) wählen
- Ausgabe: Volumenkörper (4)
- Option: Differenz (5)
- Größe: Alle (6)
- Richtung: Symmetrisch (7)
- **OK**

- Aufbauten (Segelboot) -

8.5 2D-Skizze für Sitzecke zeichnen

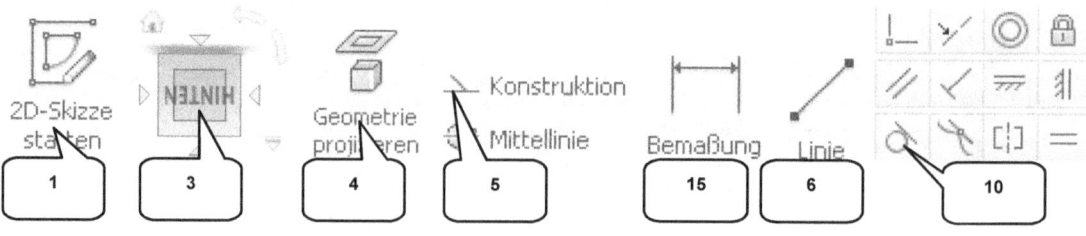

- ➢ **2D-Skizze starten** (1)
- ➢ Fläche (2) wählen

- ➢ **ViewCube-Ansicht: HINTEN** (180° drehen) (3)

- ➢ **Geometrie projizieren** (4)
- ➢ Fläche (2) wählen
- ➢ **Taste: ESC**
- ➢ Alle Linien markieren

- ➢ **Konstruktion** (5)
- ➢ **Taste: ESC**

- ➢ **Linie** (6)
- ➢ Vier Linien zeichnen (7)
- ➢ Oberste Linie soll die Punkte (8, 9) miteinander verbinden
- ➢ **Taste: ESC**

- ➢ **Abhängigkeit: Tangential** (10)
- ➢ Linie (11) und Bogen (12) wählen
- ➢ Linie (13) und Bogen (14) wählen
- ➢ **Taste: ESC**

- ➢ **Bemaßung** (15)
- ➢ Linien (16) und (17) wählen
- ➢ Maß ablegen
- ➢ Wert: [20] mm (18)
- ➢ **Taste: ENTER**

- Aufbauten (Segelboot) -

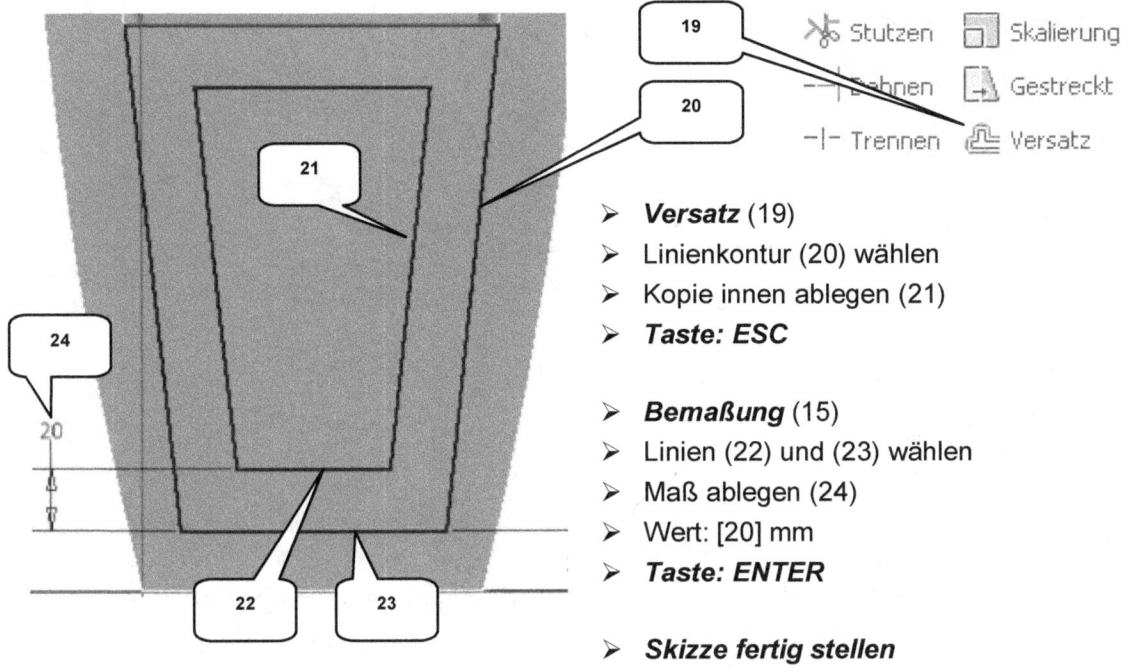

- ➤ **Versatz** (19)
- ➤ Linienkontur (20) wählen
- ➤ Kopie innen ablegen (21)
- ➤ **Taste: ESC**

- ➤ **Bemaßung** (15)
- ➤ Linien (22) und (23) wählen
- ➤ Maß ablegen (24)
- ➤ Wert: [20] mm
- ➤ **Taste: ENTER**

- ➤ **Skizze fertig stellen**

8.6 Bodenbereich der Sitzecke extrudieren

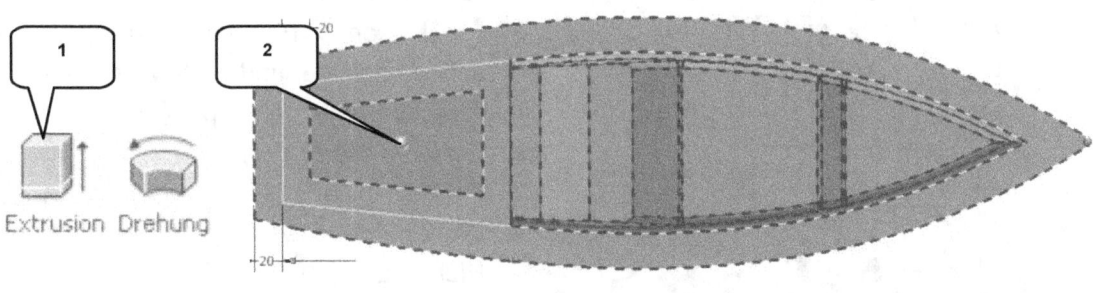

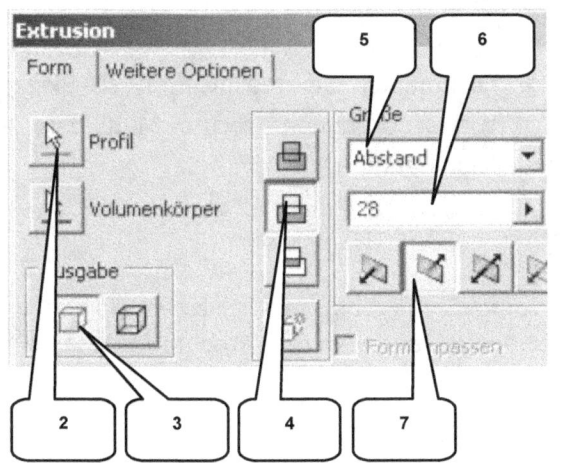

- ➤ **Extrusion** (1)
- ➤ Profil: Kontur (2) wählen (innere Kontur, welche mittels „Versatz" erzeugt wurde)
- ➤ Ausgabe: Volumenkörper (3)
- ➤ Option: Differenz (4)
- ➤ Größe: Abstand (5)
- ➤ Wert: [28] mm (6)
- ➤ Richtung: 2 (7)
- ➤ **OK**

8.7 2D-Skizze reaktivieren, Sitzbereich extrudieren

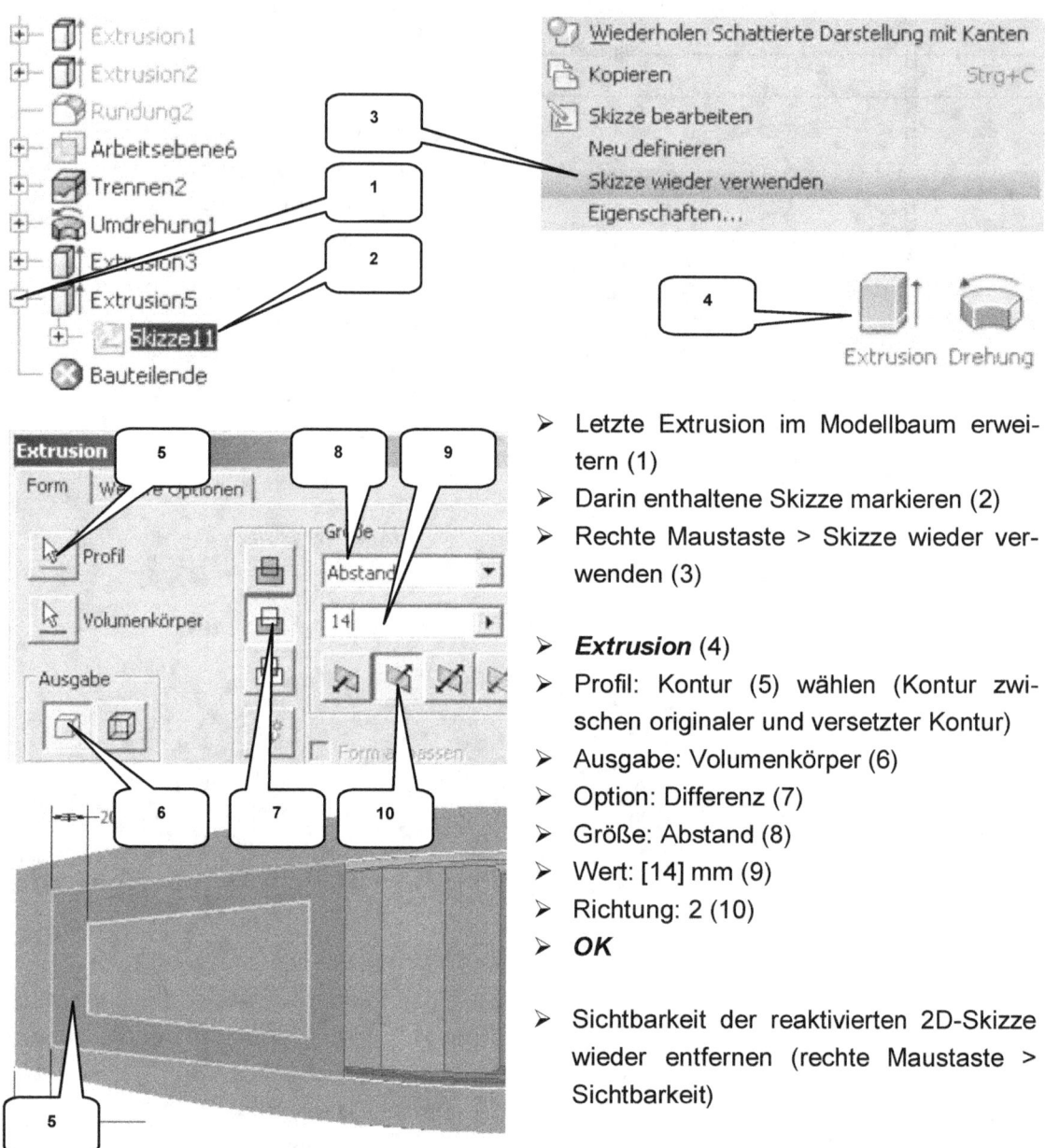

- Letzte Extrusion im Modellbaum erweitern (1)
- Darin enthaltene Skizze markieren (2)
- Rechte Maustaste > Skizze wieder verwenden (3)

- **Extrusion** (4)
- Profil: Kontur (5) wählen (Kontur zwischen originaler und versetzter Kontur)
- Ausgabe: Volumenkörper (6)
- Option: Differenz (7)
- Größe: Abstand (8)
- Wert: [14] mm (9)
- Richtung: 2 (10)
- **OK**

- Sichtbarkeit der reaktivierten 2D-Skizze wieder entfernen (rechte Maustaste > Sichtbarkeit)

HINWEIS: Durch den Befehl „Skizze wieder verwenden" reaktivierte Skizzen bleiben im Zeichenbereich sichtbar, bis sie manuell wieder ausgeblendet werden (rechte Maustaste > Sichtbarkeit).

8.8 Verschieben einer Fläche

- **Direkt** (1)
- Markierte Fläche (2) wählen
- Pfeil (3) anklicken und etwas in Richtung Bug verschieben
- Abstand: [-20] mm (6)
- **Taste: ENTER**

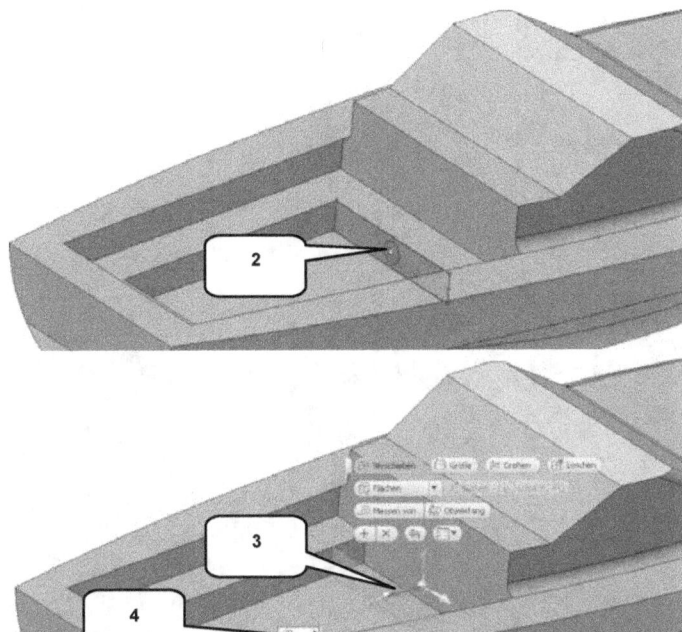

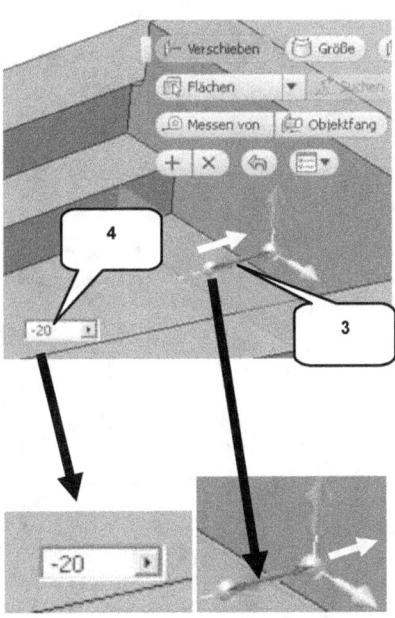

8.9 Aufbauten mit Wandstärke versehen

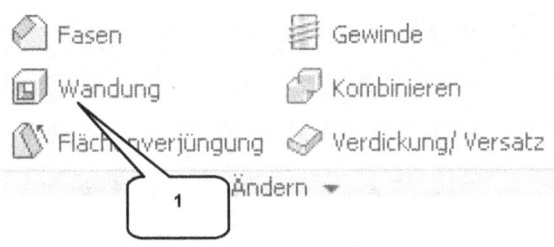

- **Wandung** (1)
- Option: Innerhalb (2)
- Flächen entfernen: Drei Flächen wählen (3)
- Aktivieren: Angrenzende Flächen (4)
- Stärke: [0,5] mm (5)
- **OK**

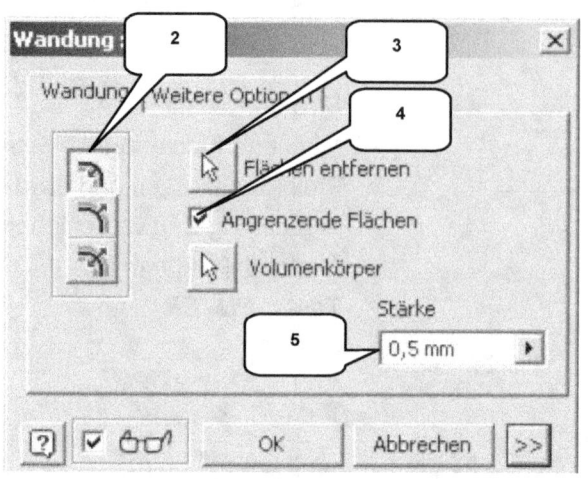
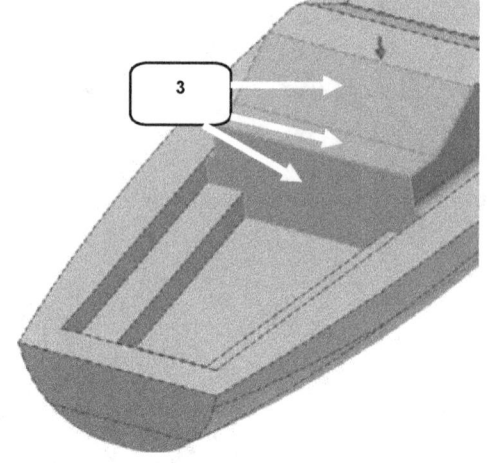

8.10 Sitzbereich abrunden

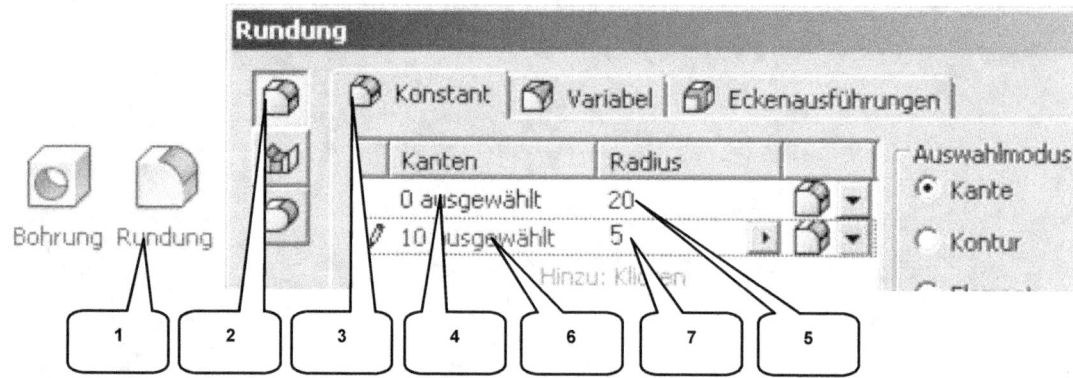

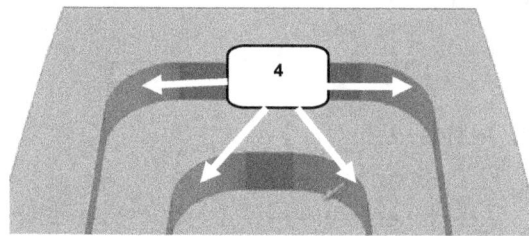

- **Rundung** (1)
- Option: Kantenabrundung (2)
- Reiter: Konstant (3)
- Vier Kanten wählen (4)
- Radius: [20] mm (5)
- **Anwenden**

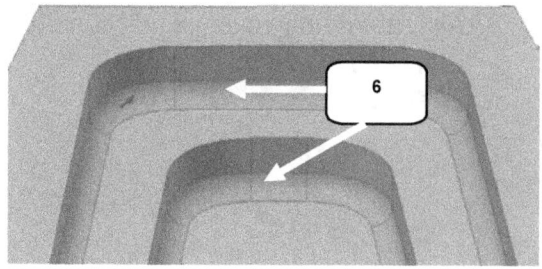

- Zwei (umlaufende) Kanten wählen (6)
- Radius: [5] mm (7)
- **OK**

- Aufbauten (Segelboot) -

8.11 2D-Skizze für Ruderhalterung zeichnen

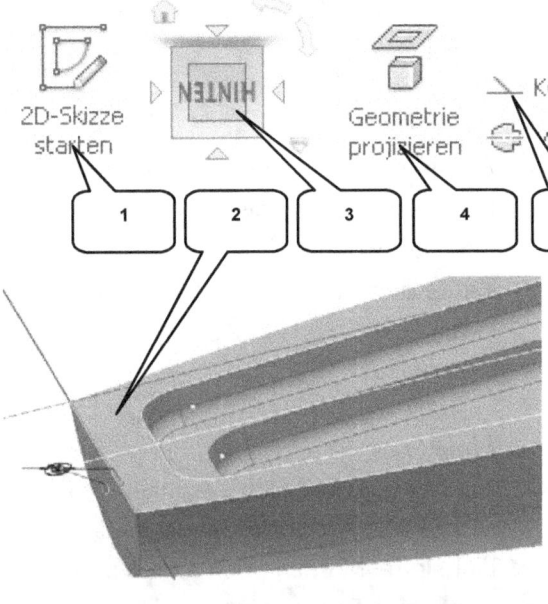

- ➢ **2D-Skizze starten** (1)
- ➢ Fläche wählen (2)

- ➢ **ViewCube-Ansicht: HINTEN** (180° drehen) (3)

- ➢ **Geometrie projizieren** (4)
- ➢ Fläche wählen (2)
- ➢ Z-Achse wählen (Modellbaum)
- ➢ **Taste: ESC**
- ➢ Alle Linien markieren

- ➢ **Konstruktion** (5)
- ➢ **Taste: ESC**

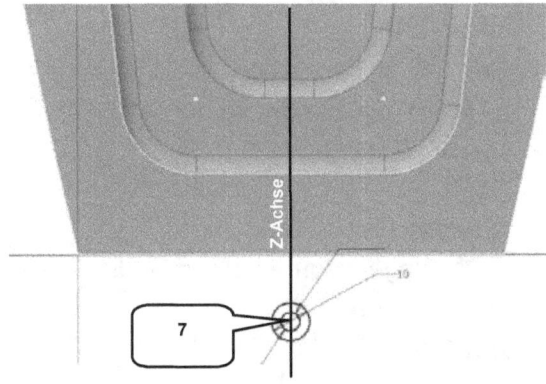

- ➢ **Kreis durch Mittelpunkt** (6)
- ➢ Zwei Kreise zeichnen
- ➢ <u>1. Kreis</u>
- ➢ Mittelpunkt auf projizierter Z-Achse (unterhalb Boot) ablegen (7)
- ➢ Durchmesser: [5] mm (8)
- ➢ **Taste: ENTER**
- ➢ <u>2. Kreis</u>
- ➢ Mittelpunkt auf Mittelpunkt des 1. Kreises legen
- ➢ Durchmesser: [10] mm (9)
- ➢ **Taste: ENTER**
- ➢ **Taste: ESC**

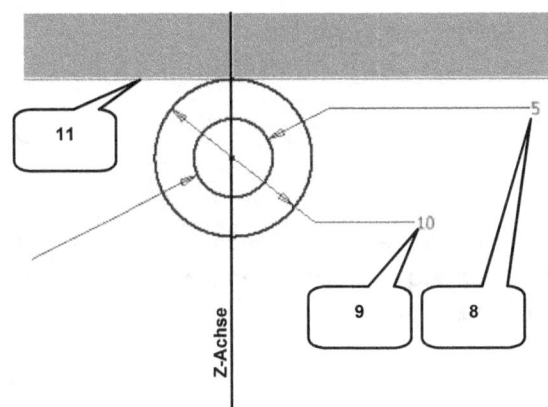
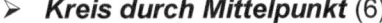

- Aufbauten (Segelboot) -

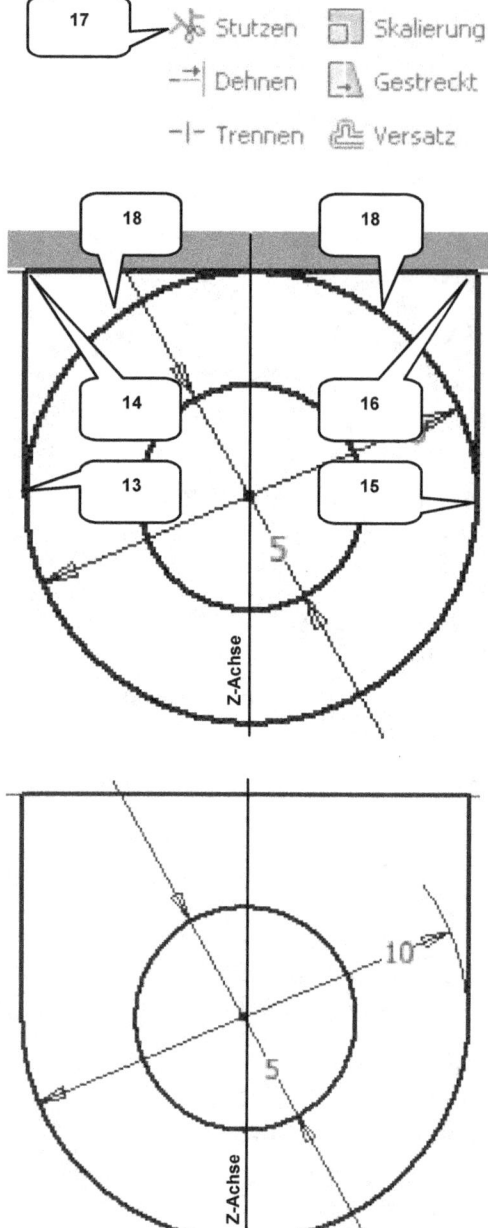

- ➢ **Abhängigkeit: Tangential** (10)
- ➢ Projizierte Kante (11) und Kreis (D = 10 mm) wählen
- ➢ **Taste: ESC**

- ➢ **Linie** (12)
- ➢ Startpunkt der 1. Linie wählen (äußerer, linker Punkt des großen Kreises) (13)
- ➢ Linie lotrecht nach oben an die projizierte Kante des Bootes ziehen und darauf ablegen (14)
- ➢ **Taste: ESC**

- ➢ **Linie** (12)
- ➢ Startpunkt der 2. Linie wählen (äußerer, rechter Punkt des großen Kreises) (15)
- ➢ Linie lotrecht nach oben an die projizierte Kante des Bootes ziehen und darauf ablegen (16)
- ➢ Mit der 3. Linie sollen die Linienpunkte (14, 16) miteinander verbunden werden
- ➢ **Taste: ESC**

- ➢ **Stutzen** (17)
- ➢ Zwei Bogensegmente des großen Kreises entfernen (18)
- ➢ **Taste: ESC**

- ➢ **Skizze fertig stellen**

HINWEIS: Die beiden Linien müssen exakt am äußeren (rechten oder linken) Punkt des Kreises starten. Dieser äußere Punkt wird durch einen kleinen grünen Punkt markiert. Die Endpunkte der beiden Linien müssen auf der projizierten Kante des Bootes liegen.

8.12 Ruderhalterung extrudieren

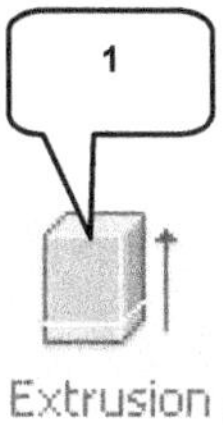

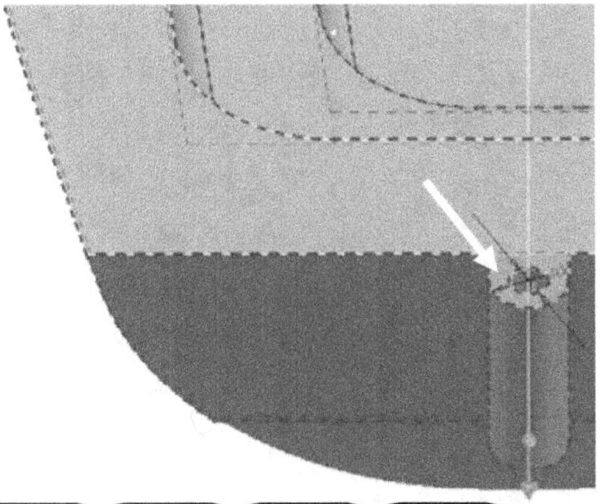

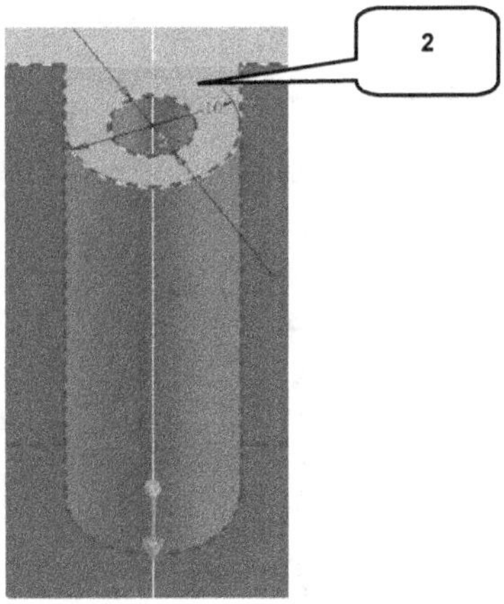

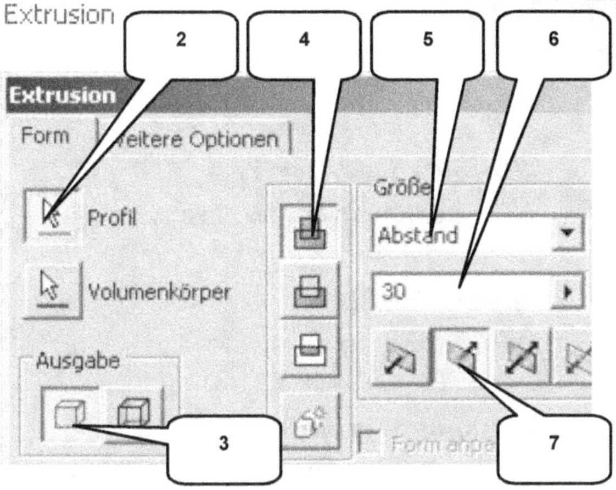

- **Extrusion** (1)
- Profil: Kontur (2) wählen
- Ausgabe: Volumenkörper (3)
- Option: Vereinigung (4)
- Größe: Abstand (5)
- Wert: [30] mm (6)
- Richtung: 2 (7)
- **OK**

8.13 Ruderhalterung abrunden

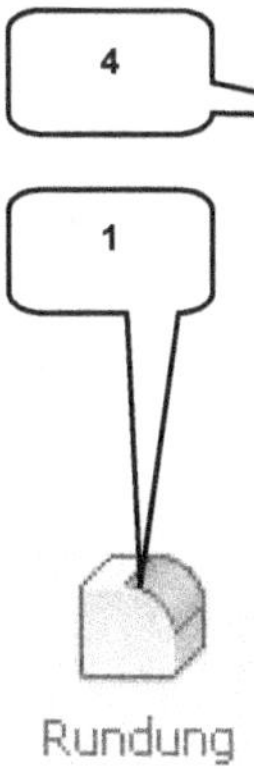

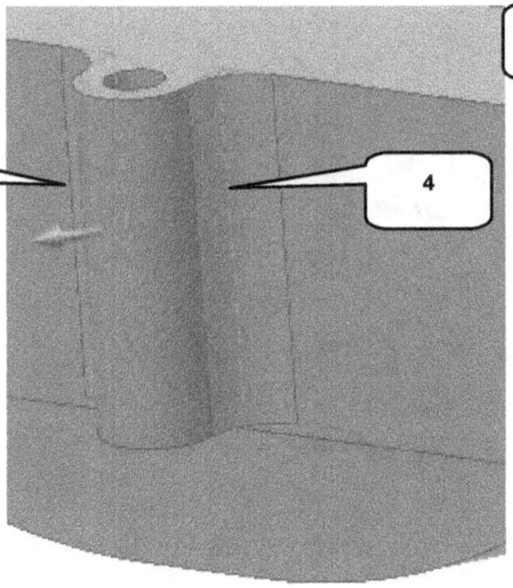

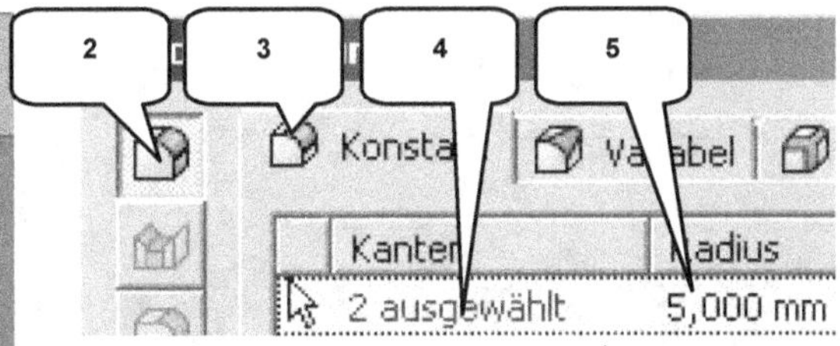

- **Rundung** (1)
- Option: Kantenabrundung (2)
- Reiter: Konstant (3)
- Zwei Kanten wählen (4)
- Radius: [5] mm (5)
- **OK**

8.14 2D-Skizze für das Schwert zeichnen

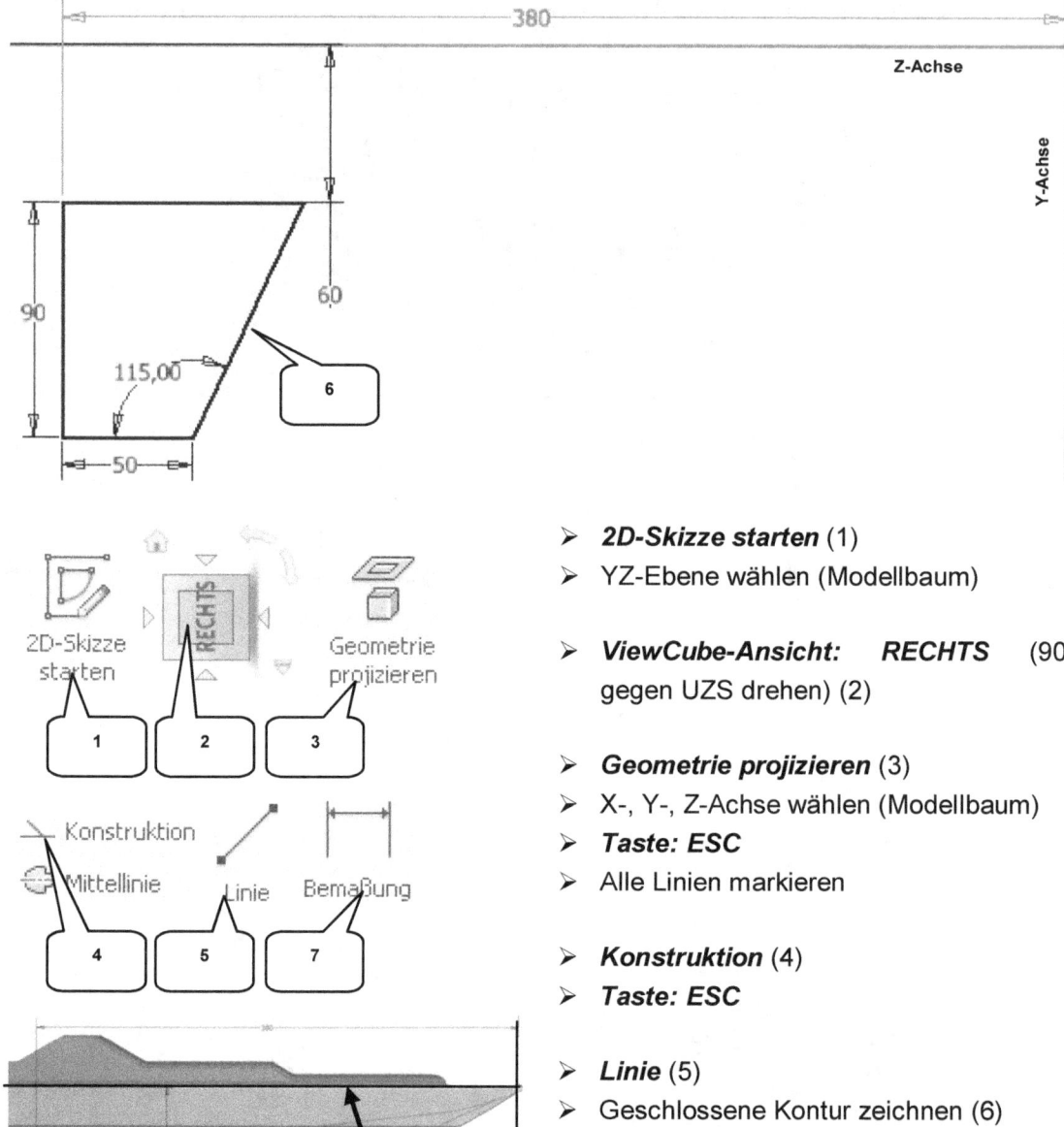

- **2D-Skizze starten** (1)
- YZ-Ebene wählen (Modellbaum)

- **ViewCube-Ansicht: RECHTS** (90° gegen UZS drehen) (2)

- **Geometrie projizieren** (3)
- X-, Y-, Z-Achse wählen (Modellbaum)
- **Taste: ESC**
- Alle Linien markieren

- **Konstruktion** (4)
- **Taste: ESC**

- **Linie** (5)
- Geschlossene Kontur zeichnen (6)

- **Bemaßung** (7)
- Kontur bemaßen
- **Taste: ESC**

- **Skizze fertig stellen**

8.15 Schwert extrudieren

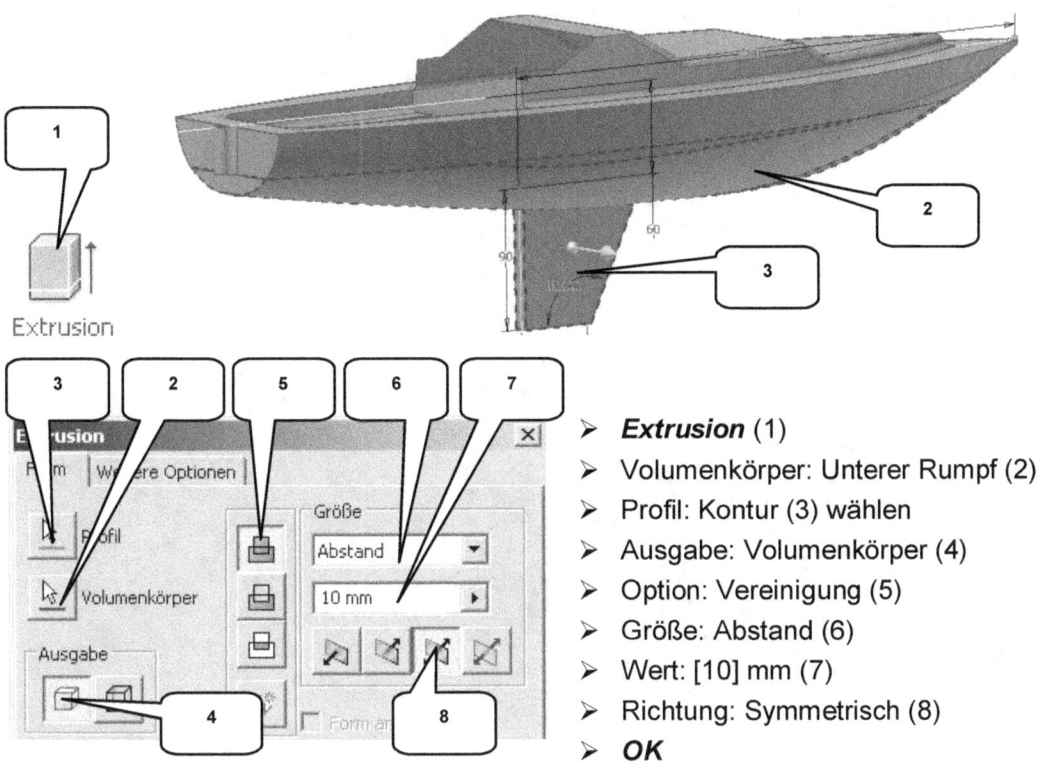

- **Extrusion** (1)
- Volumenkörper: Unterer Rumpf (2)
- Profil: Kontur (3) wählen
- Ausgabe: Volumenkörper (4)
- Option: Vereinigung (5)
- Größe: Abstand (6)
- Wert: [10] mm (7)
- Richtung: Symmetrisch (8)
- **OK**

8.16 Schwert abrunden

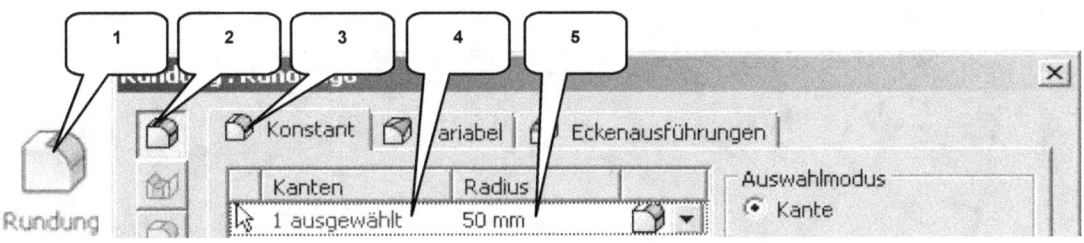

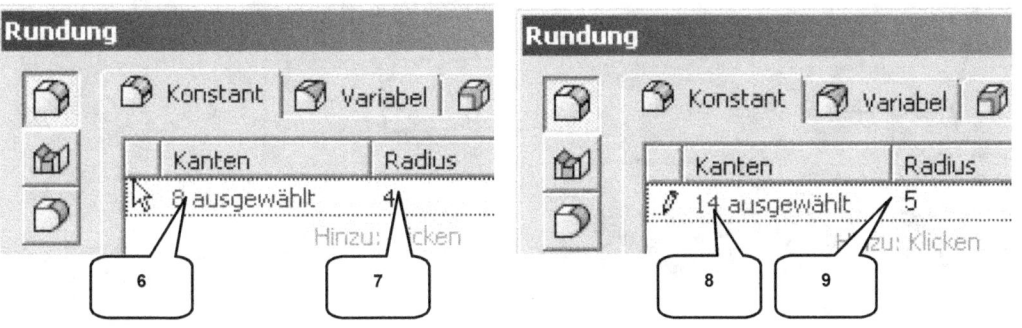

- Aufbauten (Segelboot) -

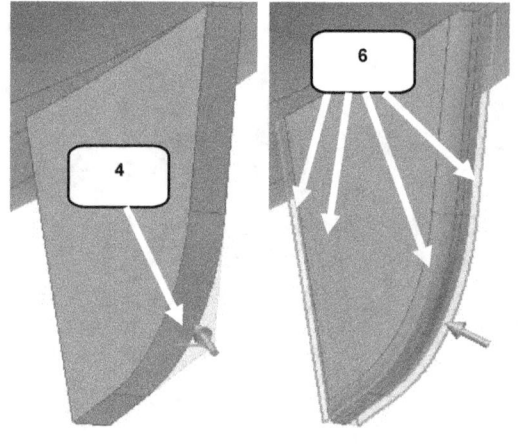

- **Rundung** (1)
- Option: Kantenabrundung (2)
- Reiter: Konstant (3)
- Eine Kante wählen (4)
- Radius: [50] mm (5)
- **Anwenden**

- Kanten wählen (6)
- Radius: [4] mm (7)
- **Anwenden**

- Kanten wählen (8)
- Radius: [5] mm (9)
- **OK**

8.17 2D-Skizze für die Masthalterung zeichnen

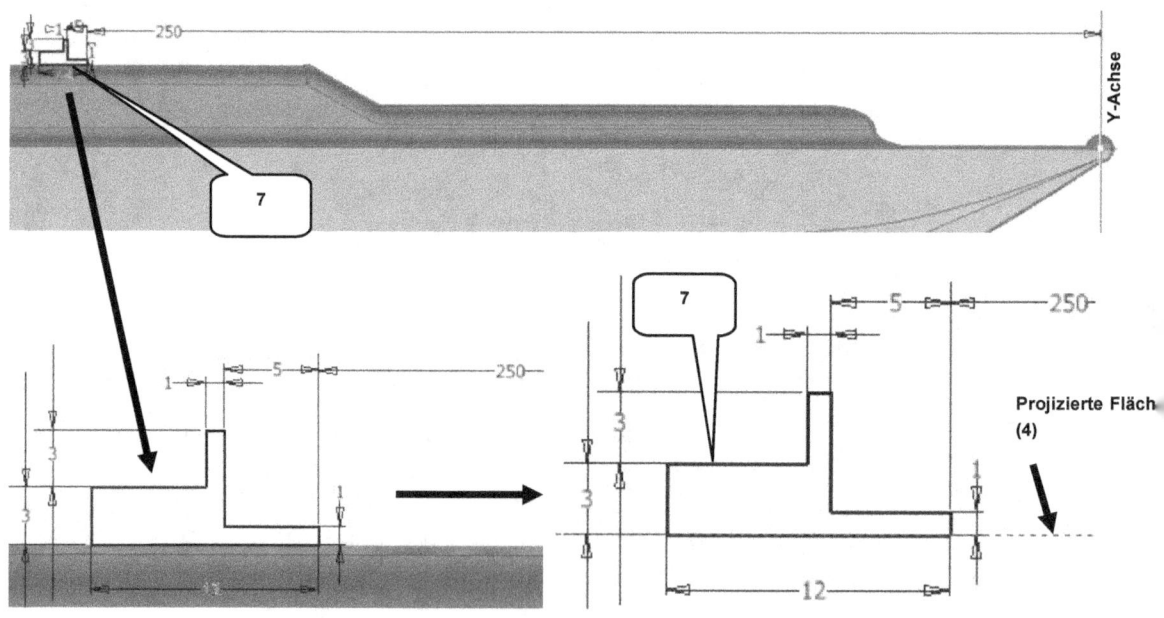

- Aufbauten (Segelboot) -

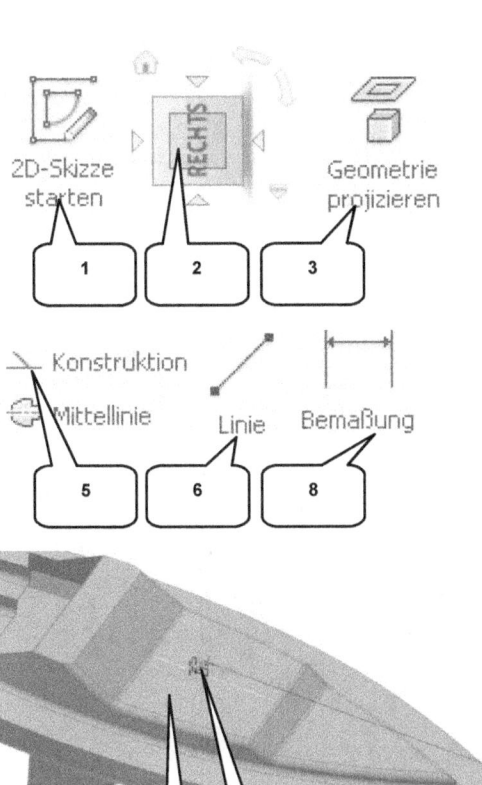

- **2D-Skizze starten** (1)
- YZ-Ebene wählen (Modellbaum)

- **ViewCube-Ansicht: RECHTS** (90° gegen UZS drehen) (2)

- **Taste: F7** (Skizze aufschneiden)

- **Geometrie projizieren** (3)
- X-, Y-, Z-Achse wählen (Modellbaum)
- Fläche (4) wählen
- **Taste: ESC**
- Alle Linien markieren

- **Konstruktion** (5)
- **Taste: ESC**

- **Linie** (6)
- Geschlossene Linienkontur zeichnen (7)
- (Die untere Linie der Kontur muss kollinear auf der Linie der projizierten Fläche (4) liegen)

- **Bemaßung** (8)
- Kontur bemaßen wie dargestellt

- **Skizze fertig stellen**

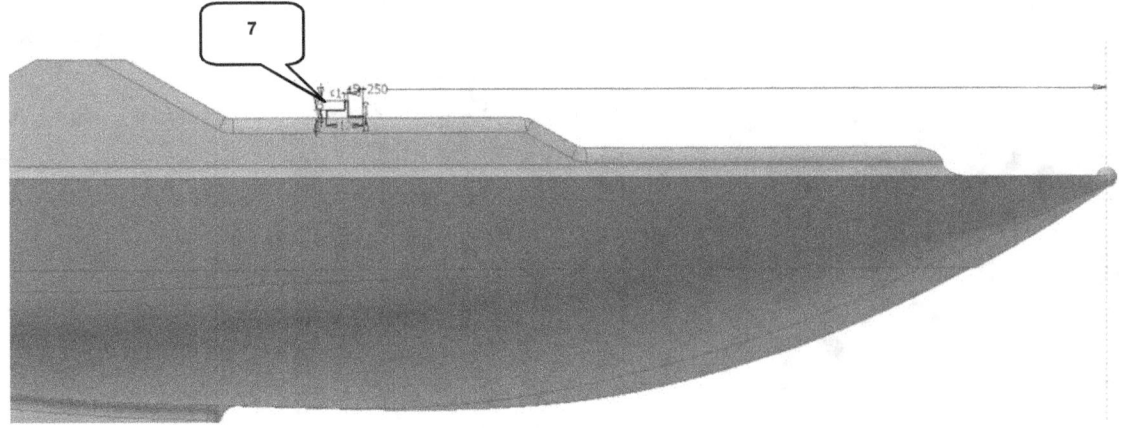

- Aufbauten (Segelboot) -

8.18 Masthalterung als Drehobjekt erzeugen

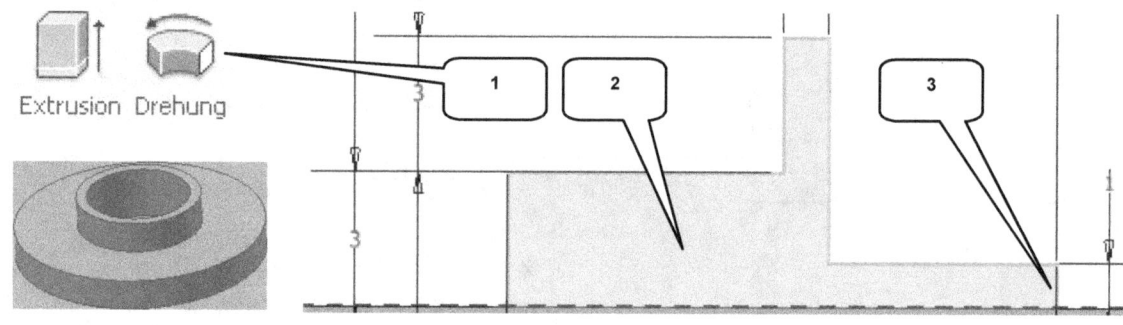

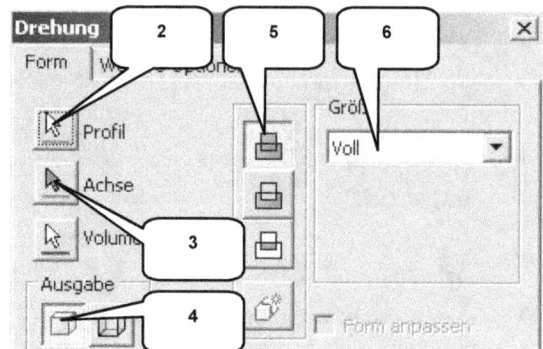

- **Drehung** (1)
- Profil: Kontur (2) wählen
- Achse: Rechte Linie der Kontur (3)
- Ausgabe: Volumenkörper (4)
- Verfahren: Vereinigung (5)
- Größe: Voll (6)
- **OK**

8.19 Farben zuweisen, Datei speichern und schließen

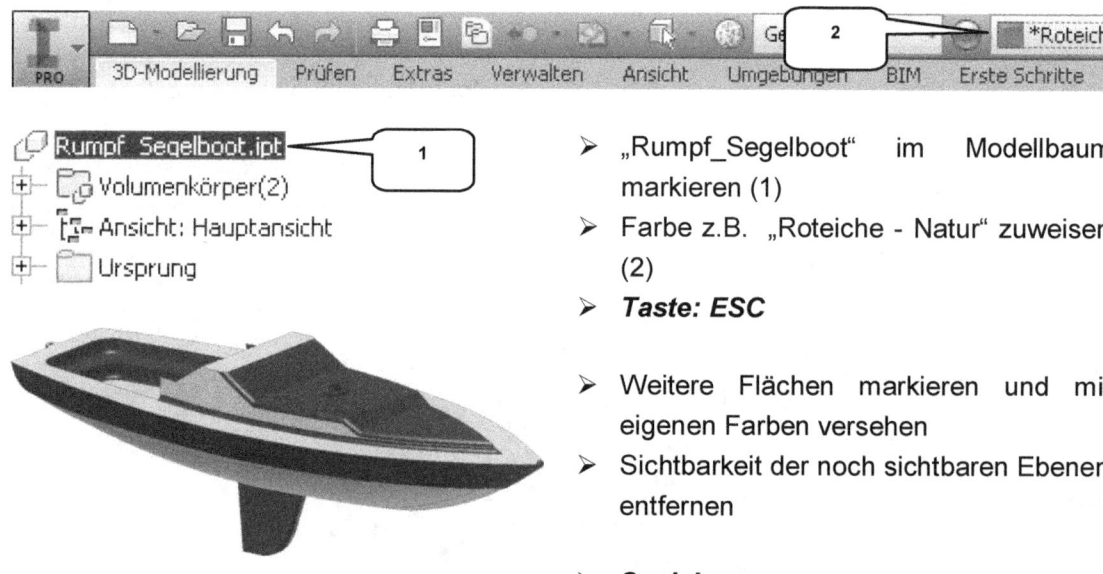

- „Rumpf_Segelboot" im Modellbaum markieren (1)
- Farbe z.B. „Roteiche - Natur" zuweisen (2)
- **Taste: ESC**

- Weitere Flächen markieren und mit eigenen Farben versehen
- Sichtbarkeit der noch sichtbaren Ebenen entfernen

- **Speichern**
- **Datei schließen**

9 Ruder und Pinne

Agenda

- Bauteildatei „Ruder" erstellen
- Basisskizze des Ruders zeichnen
- Ruder extrudieren
- Pinne als Quader erzeugen
- Fasen des Ruderblattes
- Pinne abrunden
- Pinne mit Gewinde versehen
- Ruderblatt abrunden
- Farben zuweisen, Datei speichern und schließen

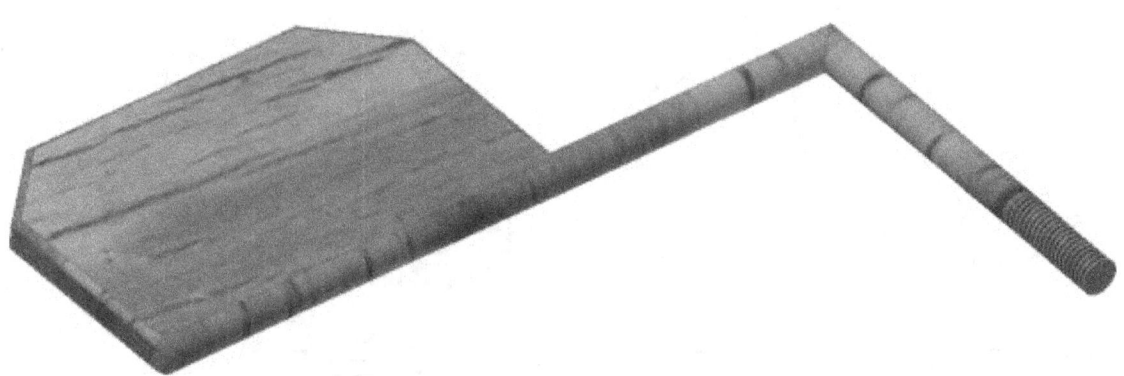

9.1 Bauteil „Ruder" erstellen

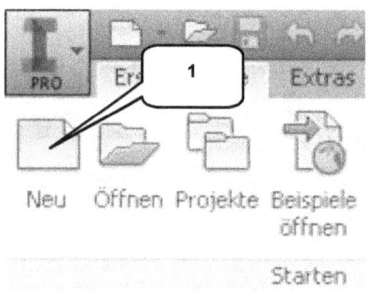

- **Neu** (1)
- Templates (2)
- Bauteil: Norm.ipt (3)
- **Erstellen** (4)

- **Skizze fertig stellen** (5)
- **Speichern** (6)
- Dateiname: [Ruder] (7)
- **Speichern** (8)

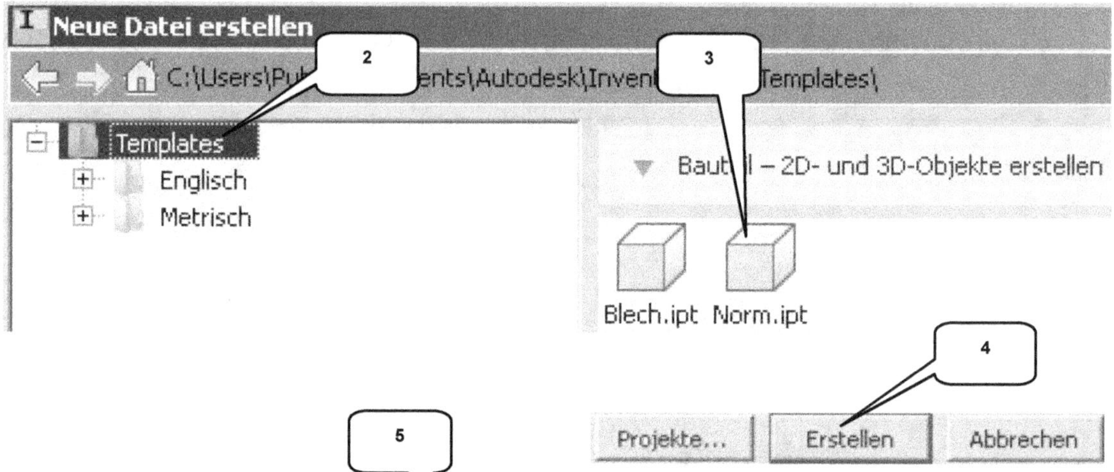

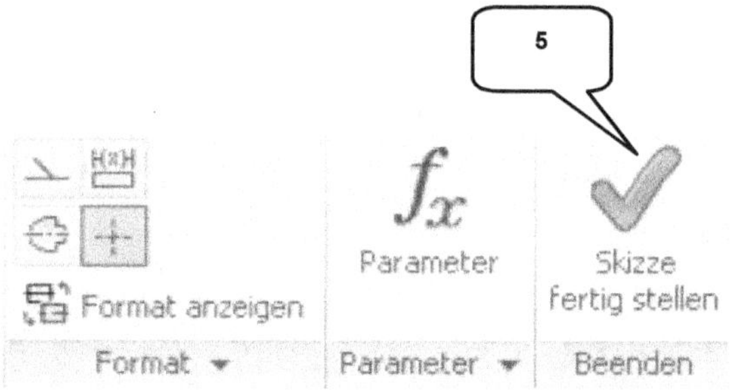

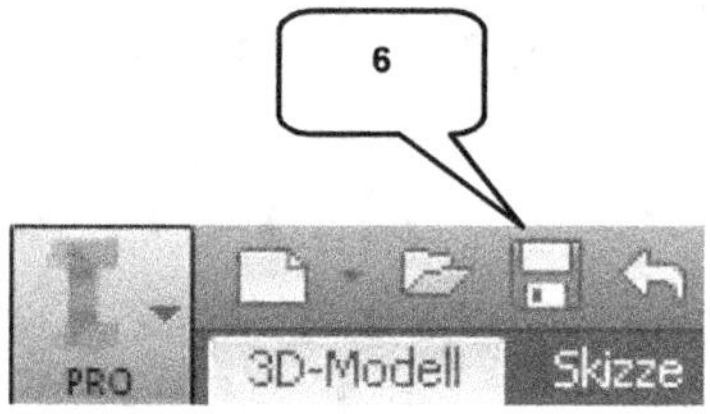

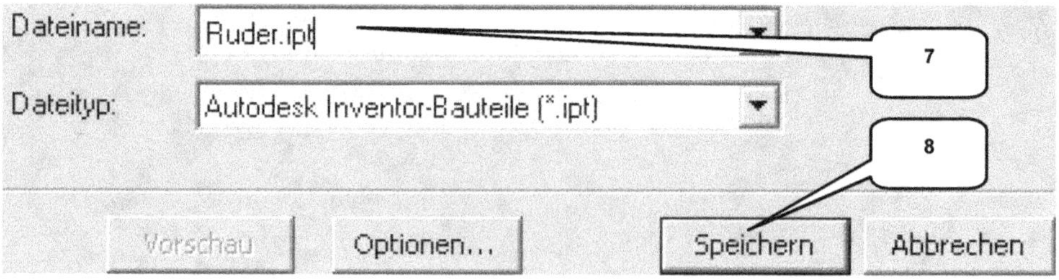

9.2 Basisskizze des Ruders zeichnen

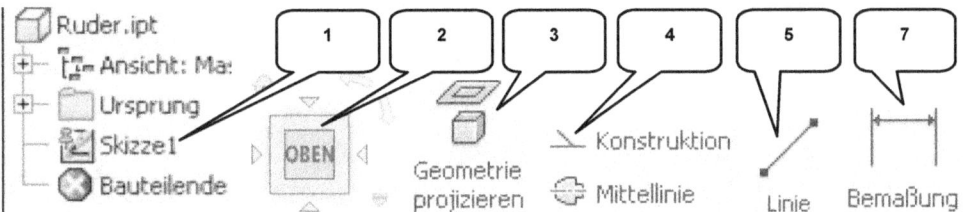

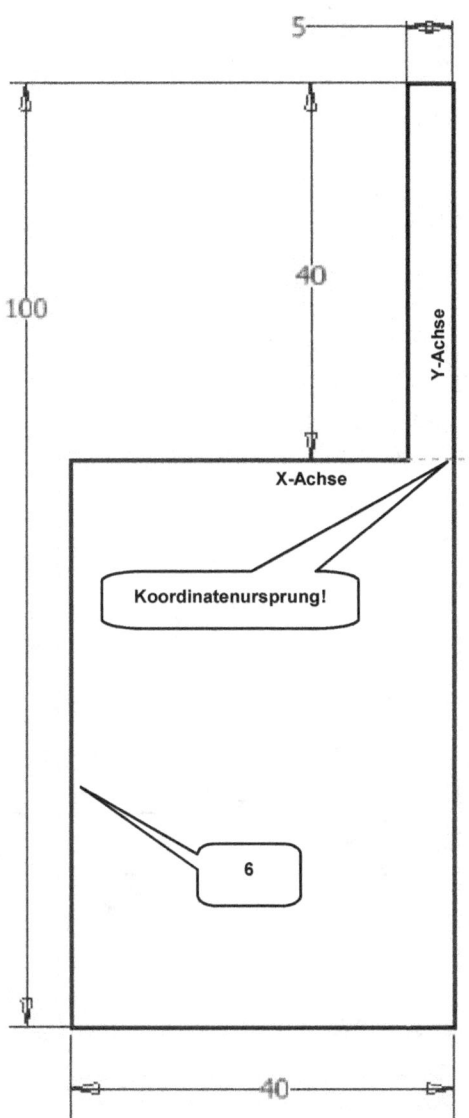

- „Skizze1" per Doppelklick öffnen (1)

- **ViewCube-Ansicht: OBEN** (2)

- **Geometrie projizieren** (3)
- Ordner Ursprung im Modellbaum aufklappen
- X-, Y-, Z-Achse wählen
- **Taste: ESC**
- Alle Linien markieren

- **Konstruktion** (4)
- **Taste: ESC**

- **Linie** (5)
- Kontur (6) zeichnen
- **Taste: ESC**

- **Bemaßung** (7)
- Kontur bemaßen wie dargestellt

- **Skizze fertig stellen**

9.3 Ruder extrudieren

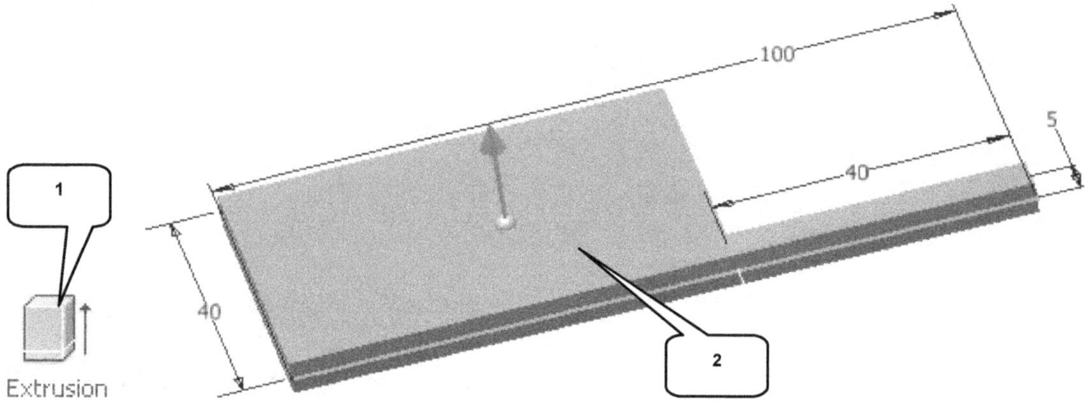

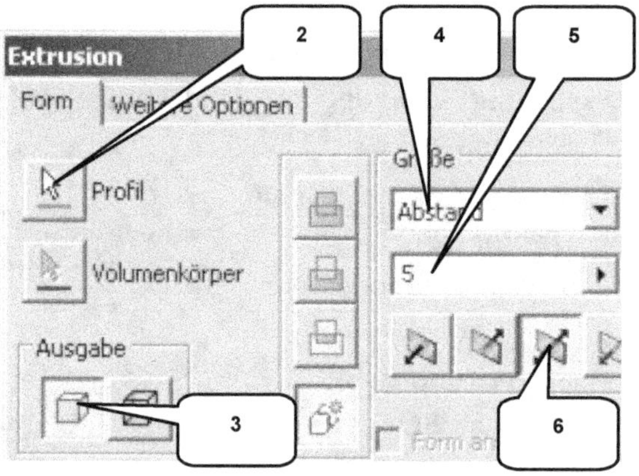

> **Extrusion** (1)
> Profil: Kontur (2) wählen
> Ausgabe: Volumenkörper (3)
> Größe: Abstand (4)
> Wert: [5] mm (5)
> Richtung: Symmetrisch (6)
> **OK**

9.4 Pinne als Quader erzeugen

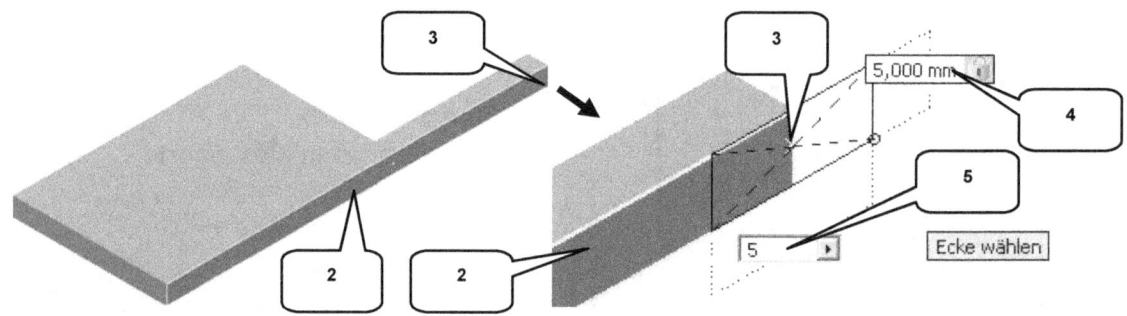

> **Quader** (1)
> Fläche (2) wählen
> Mittelpunkt (Quader) auf Linienmittelpunkt der projizierten Linie setzen (3)

> **Taste: TAB**
> Breite: [5] mm (4)
> **Taste: TAB**
> Höhe: [5] mm (5)
> **Taste: ENTER**

- Ruder und Pinne -

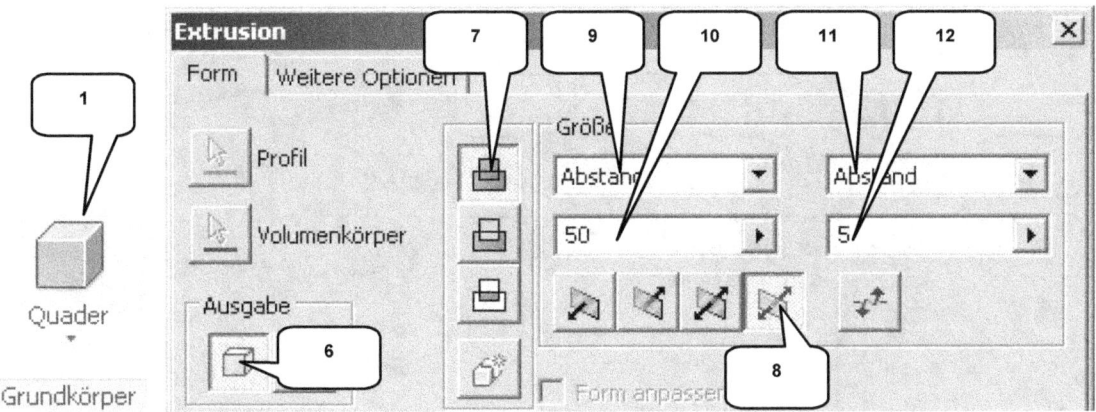

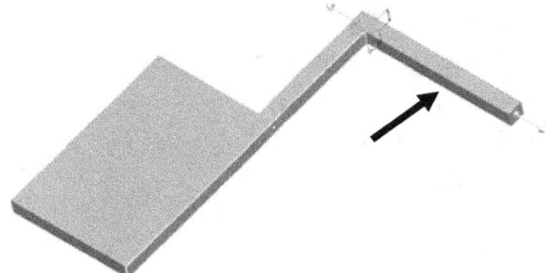

- ➢ Ausgabe: Volumenkörper (6)
- ➢ Verfahren: Vereinigung (7)
- ➢ Option: Asymmetrisch (8)
- ➢ Größe 1: Abstand (9)
- ➢ Wert 1: [50] mm (10)
- ➢ Größe 2: Abstand (11)
- ➢ Wert 2: [5] mm (12)
- ➢ **OK**

9.5 Ruderblatt fasen

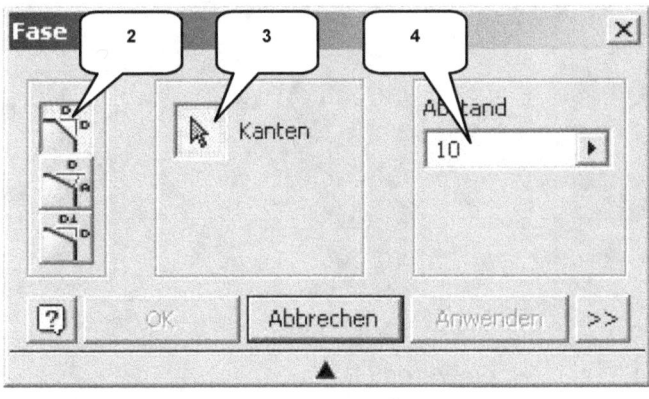

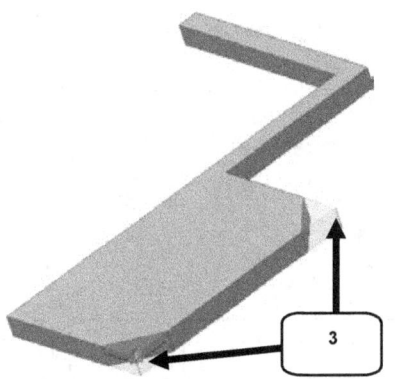

  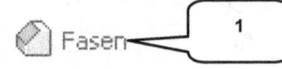

- ➢ **Fasen** (1)
- ➢ Option: Abstand (2)
- ➢ Kanten: Kanten (3) wählen
- ➢ Abstand: [10] mm (4)
- ➢ **OK**

9.6 Pinne abrunden

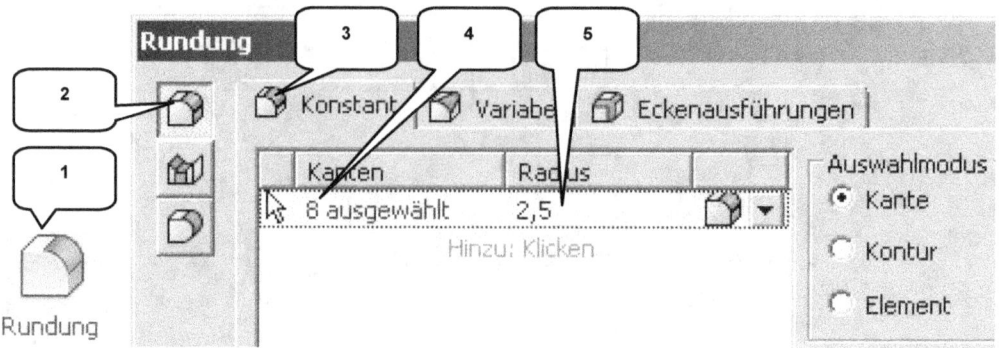

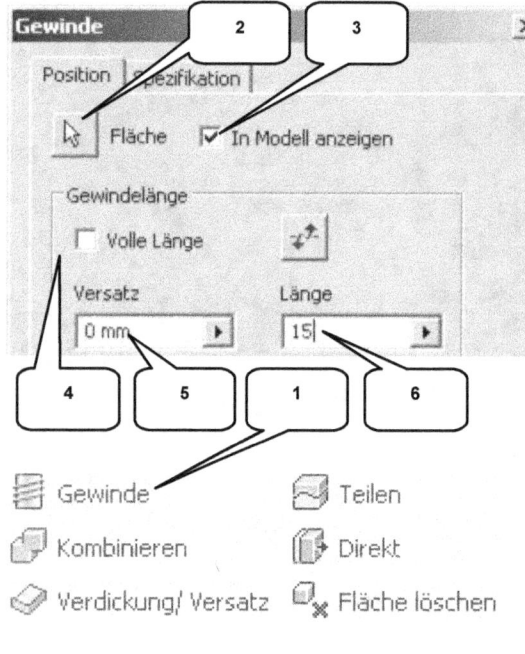

- ➤ **Rundung** (1)
- ➤ Option: Kantenabrundung (2)
- ➤ Reiter: Konstant (3)
- ➤ 8 Kanten wählen (4)
- ➤ Radius: [2,5] mm (5)
- ➤ **OK**

9.7 Pinne mit Gewinde versehen

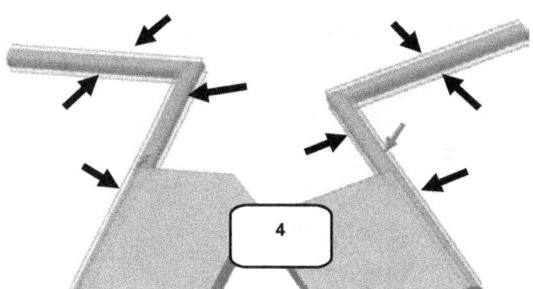

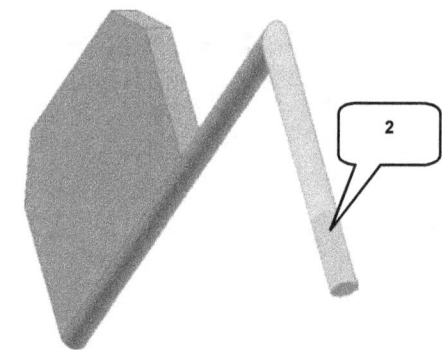

- ➤ **Gewinde** (1)
- ➤ Fläche: Fläche (2) wählen
- ➤ Aktivieren: In Modell anzeigen (3)
- ➤ Deaktivieren: Volle Länge (4)
- ➤ Versatz: [0] mm (5)
- ➤ Länge: [15] mm (6)
- ➤ **OK**

9.8 Ruderblatt abrunden

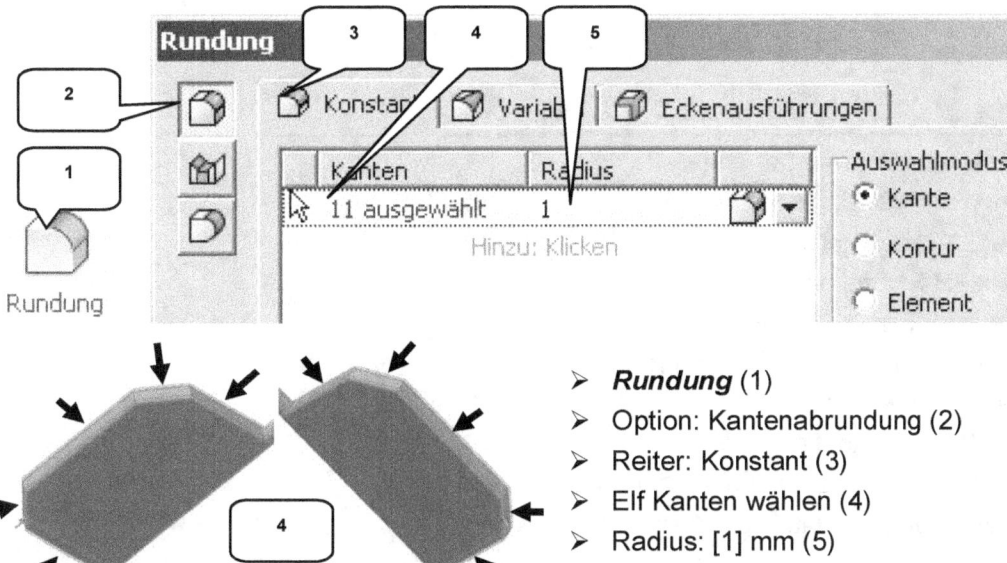

- **Rundung** (1)
- Option: Kantenabrundung (2)
- Reiter: Konstant (3)
- Elf Kanten wählen (4)
- Radius: [1] mm (5)
- **OK**

9.9 Farben zuweisen, Datei speichern und schließen

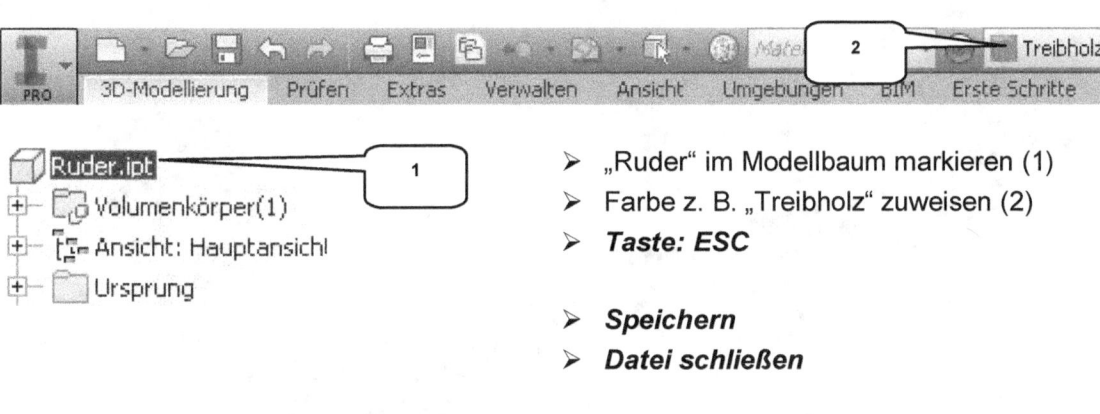

- „Ruder" im Modellbaum markieren (1)
- Farbe z. B. „Treibholz" zuweisen (2)
- **Taste: ESC**

- **Speichern**
- **Datei schließen**

10 Schiffsschraube

Agenda

- Bauteil „Schiffsschraube" erstellen
- Ebenen mit Versatz erzeugen
- Erste 2D-Skizze zeichnen
- Zweite 2D-Skizze zeichnen
- Dritte 2D-Skizze zeichnen
- Den ersten Flügel der Schiffsschraube erheben
- Flügel kopieren und polar anordnen
- Zentralen Kugelkopf erzeugen
- Antriebswelle durch Zylinder erzeugen
- Farben zuweisen, Datei speichern und schließen

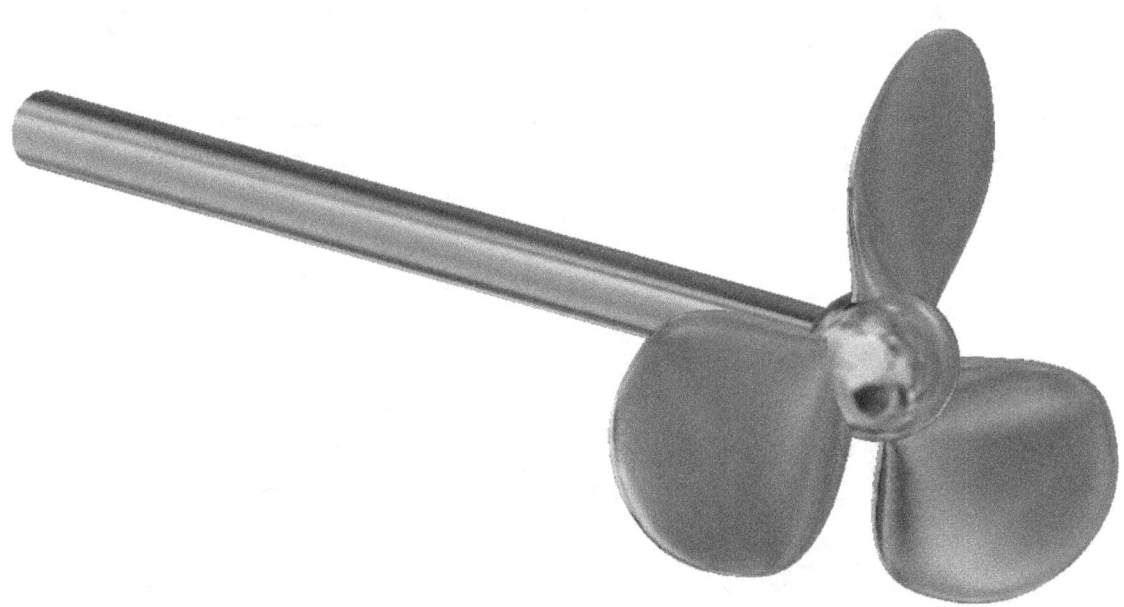

10.1 Bauteil „Schiffsschraube" erstellen

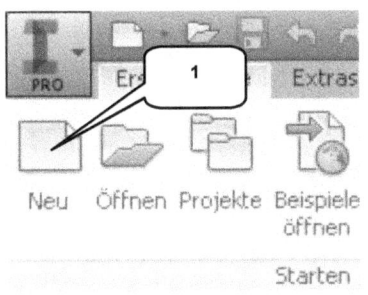

- ➢ **Neu** (1)
- ➢ Templates (2)
- ➢ Bauteil: Norm.ipt (3)
- ➢ **Erstellen** (4)

- ➢ **Skizze fertig stellen** (5)
- ➢ **Speichern** (6)
- ➢ Dateiname: [Schiffsschraube] (7)
- ➢ **Speichern** (8)

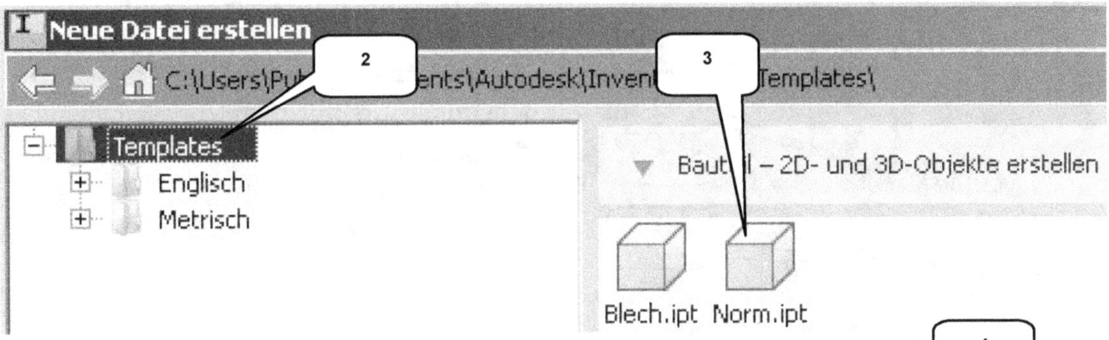

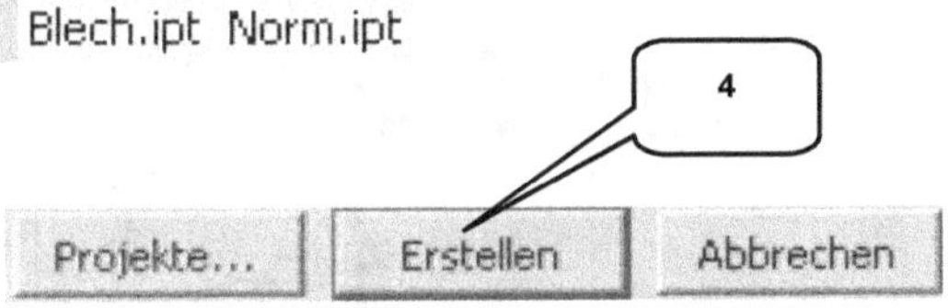

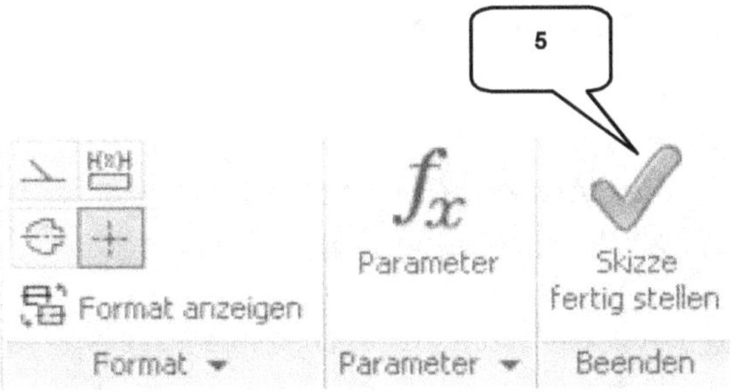

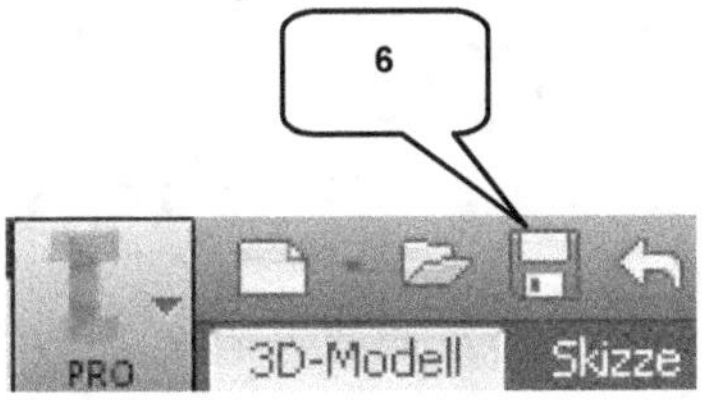

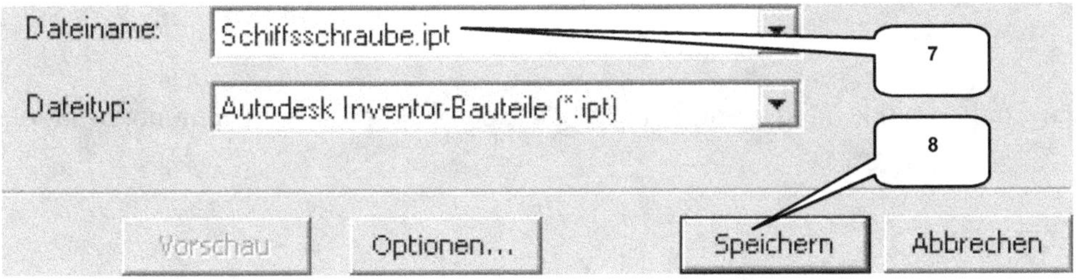

10.2 Ebenen mit Versatz erzeugen

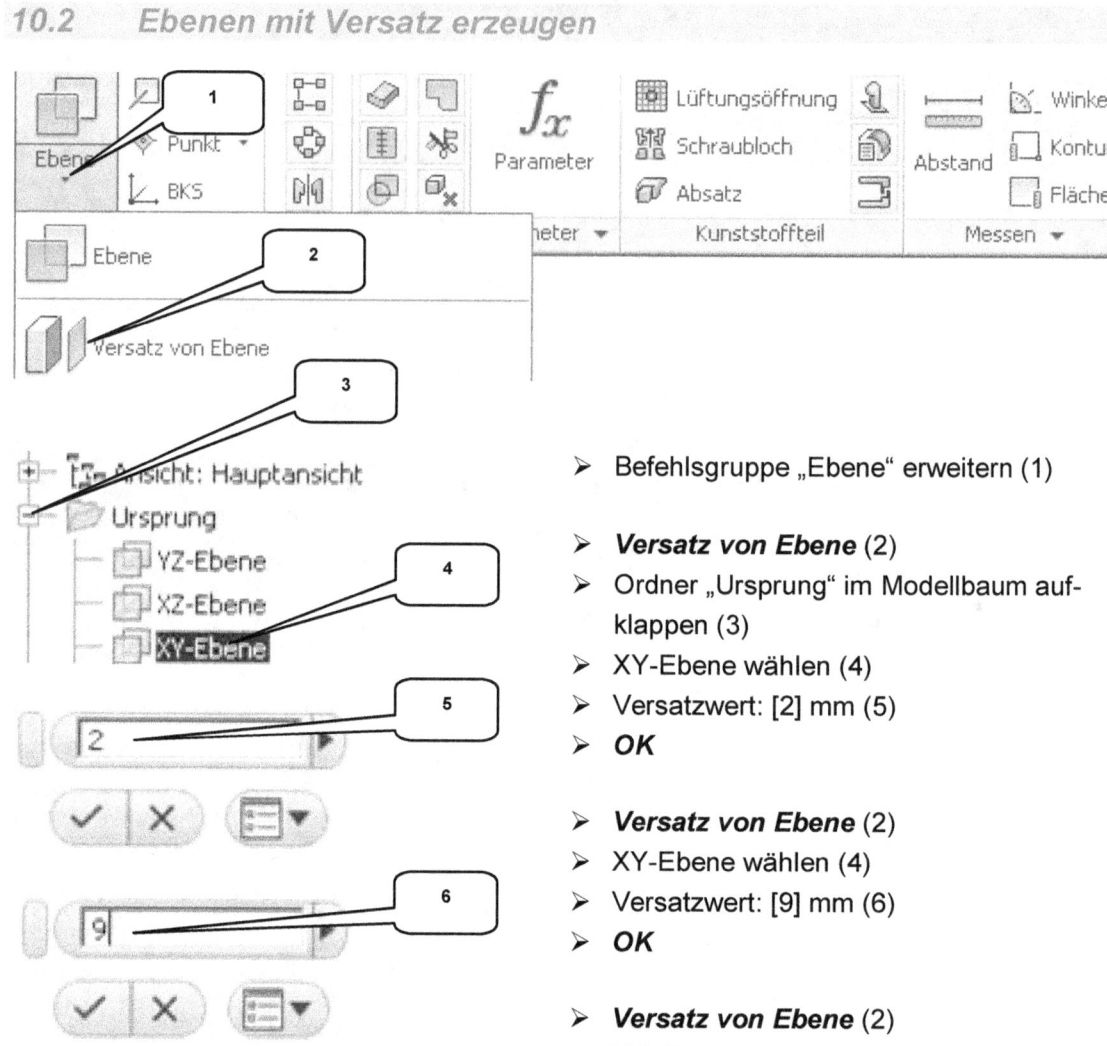

➤ Befehlsgruppe „Ebene" erweitern (1)

➤ **Versatz von Ebene** (2)
➤ Ordner „Ursprung" im Modellbaum aufklappen (3)
➤ XY-Ebene wählen (4)
➤ Versatzwert: [2] mm (5)
➤ **OK**

➤ **Versatz von Ebene** (2)
➤ XY-Ebene wählen (4)
➤ Versatzwert: [9] mm (6)
➤ **OK**

➤ **Versatz von Ebene** (2)
➤ XY-Ebene wählen (4)
➤ Versatzwert: [13] mm (7)
➤ **OK**

HINWEIS: Alle Ebenen sind, ausgehend von der XY-Ebene, in dieselbe Richtung zu erzeugen.

10.3 Erste 2D-Skizze zeichnen

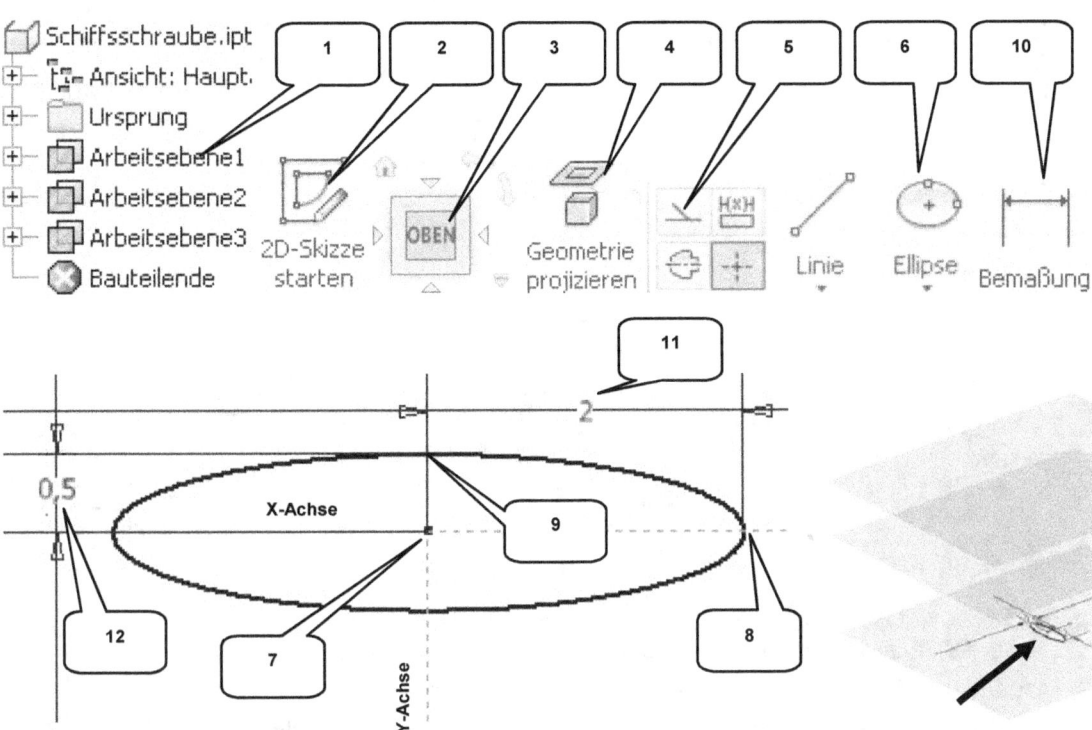

- ➤ 1. Arbeitsebene markieren (1)

- ➤ **2D-Skizze starten** (2)

- ➤ **ViewCube-Ansicht: OBEN** (3)

- ➤ **Geometrie projizieren** (4)
- ➤ X-, Y-, Z-Achse wählen
- ➤ **Taste: ESC**
- ➤ Alle Linien markieren

- ➤ **Konstruktion** (5)
- ➤ **Taste: ESC**

- ➤ **Ellipse** (6)

- ➤ 1. Punkt im Koordinatenursprung ablegen (7)
- ➤ 2. Punkt auf der X-Achse ablegen (8)
- ➤ 3. Punkt auf der Y-Achse ablegen (9)
- ➤ **Taste: ESC**

- ➤ **Bemaßung** (10)
- ➤ Ellipse wählen
- ➤ 1. Maß oberhalb der Ellipse ablegen
- ➤ Wert: [2] mm (11)
- ➤ Ellipse markieren
- ➤ 2. Maß links neben der Ellipse ablegen
- ➤ Wert: [0,5] mm (12)

- ➤ **Skizze fertig stellen**

10.4 Zweite 2D-Skizze zeichnen

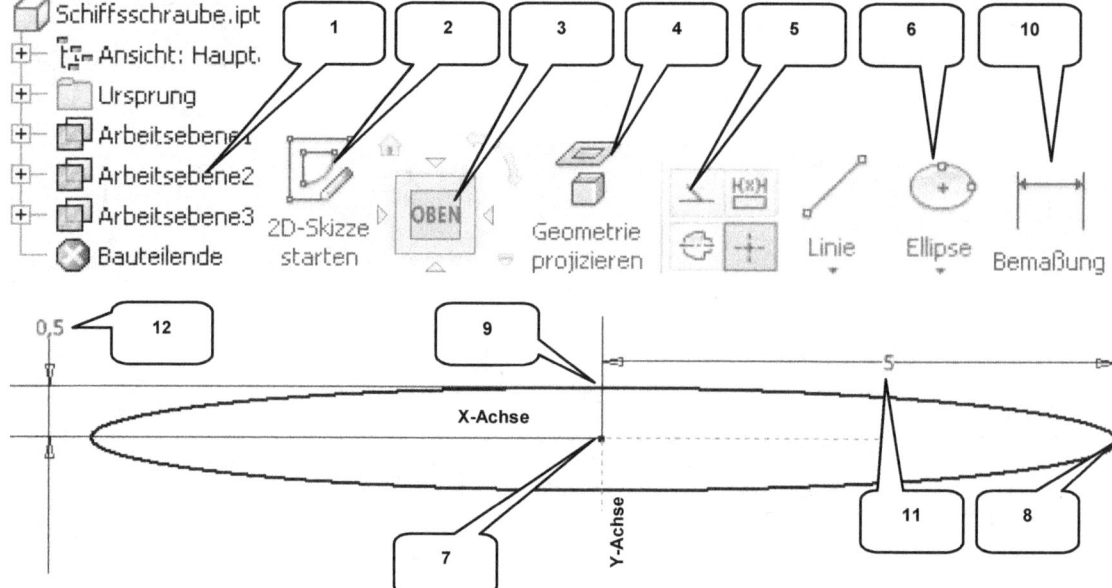

- Letzte Skizze ausblenden (rechte Maustaste > Sichtbarkeit deaktiv.)
- 2. Arbeitsebene markieren (1)

- ***2D-Skizze starten*** (2)

- ***ViewCube-Ansicht: OBEN*** (3)

- ***Geometrie projizieren*** (4)
- X-, Y-, Z-Achse wählen
- ***Taste: ESC***
- Alle Linien markieren

- ***Konstruktion*** (5)
- ***Taste: ESC***
- ***Ellipse*** (6)

- 1. Punkt im Koordinatenursprung ablegen (7)
- 2. Punkt auf der X-Achse ablegen (8)
- 3. Punkt auf der Y-Achse ablegen (9)
- ***Taste: ESC***

- ***Bemaßung*** (10)
- Ellipse markieren
- 1. Maß oberhalb der Ellipse ablegen
- Wert: [5] mm (11)
- Ellipse markieren
- 2. Maß links neben der Ellipse ablegen
- Wert: [0,5] mm (12)
- ***Taste: ESC***

- Schiffsschraube -

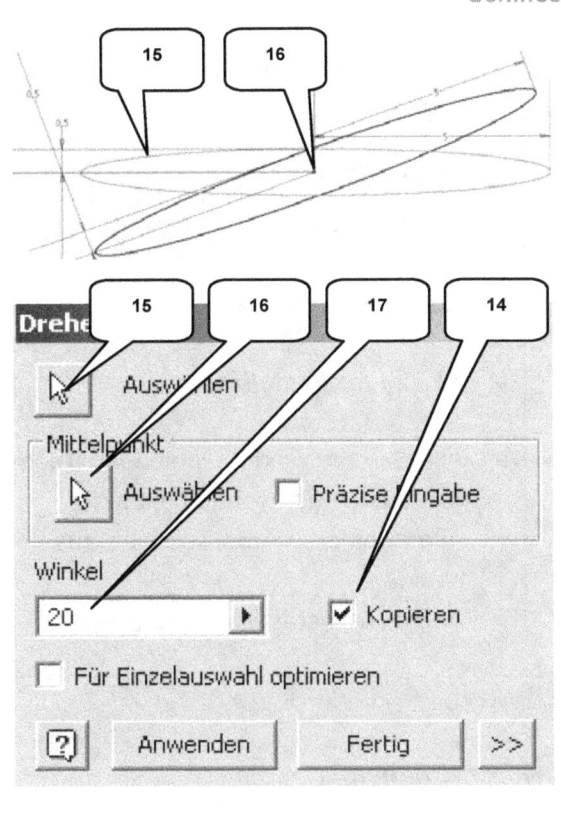

- **Drehen** (13)
- Aktivieren: Kopieren (14)
- Auswählen: Ellipse markieren (15)
- Mittelpunkt: Koordinatenursprung/ Ellipsenmittelpunkt wählen (16)
- Winkel: [20] Grad (17)
- **Anwenden**
- **Fertig**

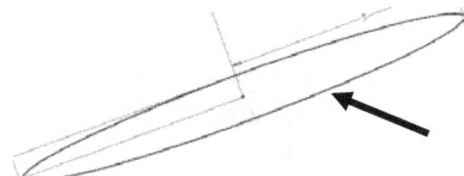

- Die 1. Ellipse markieren (15)
- **Taste: ENTF** (Löschen)

- **Skizze fertig stellen**

10.5 Dritte 2D-Skizze zeichnen

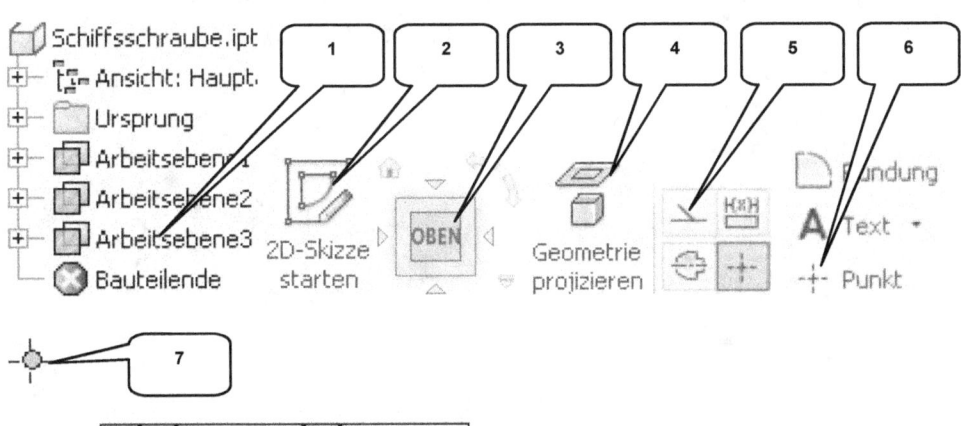

- Schiffsschraube -

- Letzte Skizze ausblenden (rechte Maustaste > Sichtbarkeit deaktiv.)
- 3. Arbeitsebene markieren (1)

- *2D-Skizze starten* (2)

- *ViewCube-Ansicht: OBEN* (3)

- *Geometrie projizieren* (4)
- X-, Y-, Z-Achse wählen
- *Taste: ESC*
- Alle Linien markieren

- *Konstruktion* (5)
- *Taste: ESC*

- *Punkt* (6)
- Punkt im Koordinatenursprung ablegen (7)
- *Taste: ESC*

- *Skizze fertig stellen*

- Alle Skizzen wieder einblenden (rechte Maustaste > Sichtbarkeit aktiv.)
- Alle sichtbaren Arbeitsebenen ausblenden
- (rechte Maustaste > Sichtbarkeit)

10.6 Flügel der Schiffsschraube als Erhebung erzeugen

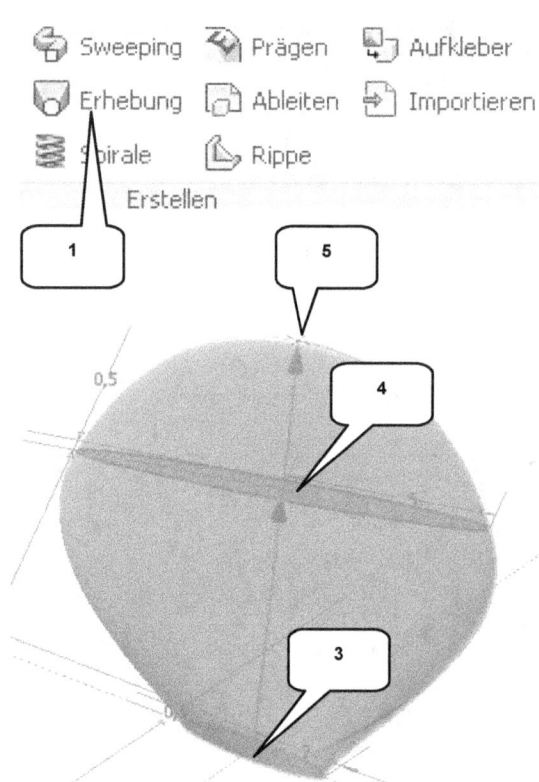

- *Erhebung* (1)
- Reiter: Kurven
- Option: Volumenkörper (2)
- Schnitte: 1. Ellipse, 2. Ellipse und Punkt nacheinander wählen (3, 4, 5)
- Reiter: Bedingungen
- „Bedingung" (2. Zeile) auf „Tangente" ändern (4)
- „Gewicht" (2. Zeile) auf den Wert [4,5] ändern (5)
- *OK*

- Schiffsschraube -

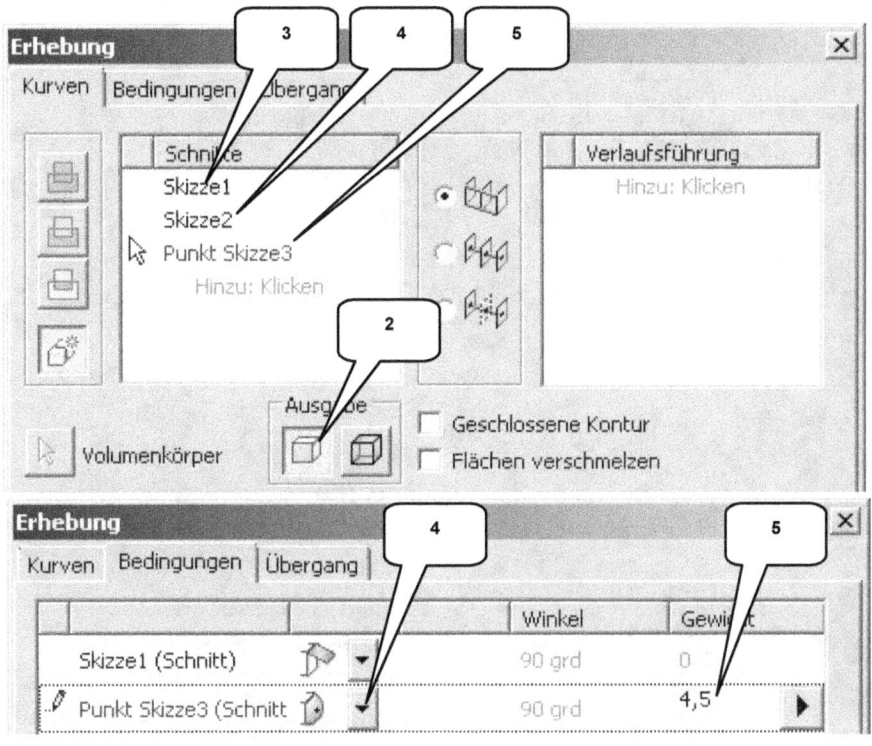

10.7 Flügel polar anordnen

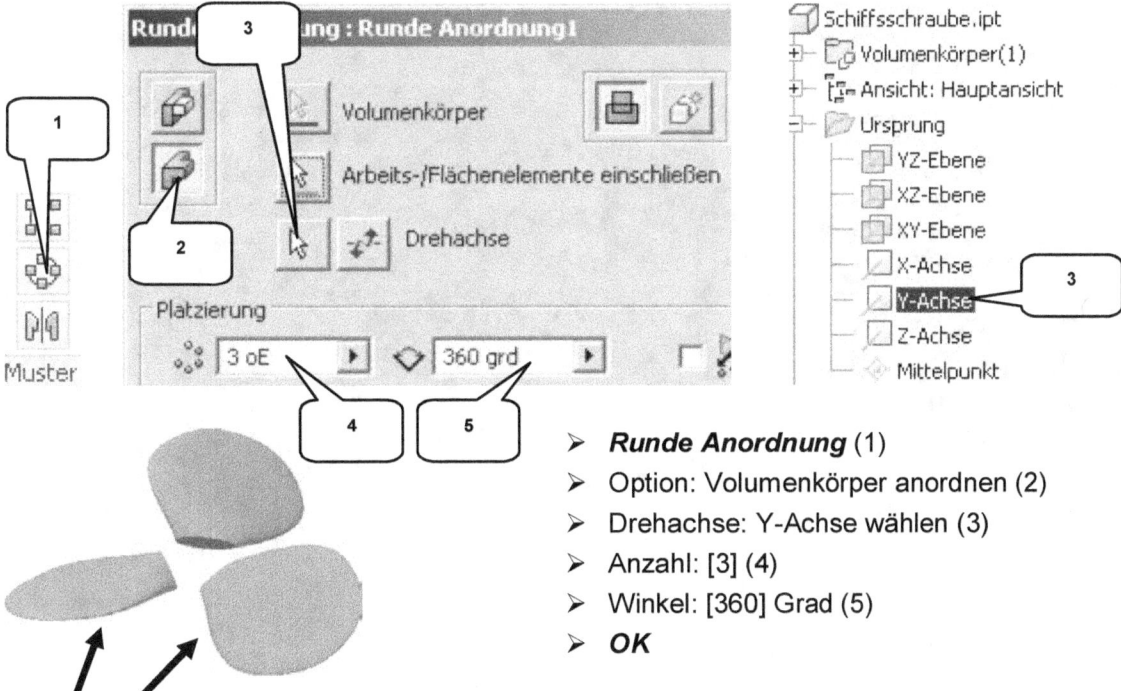

- **Runde Anordnung** (1)
- Option: Volumenkörper anordnen (2)
- Drehachse: Y-Achse wählen (3)
- Anzahl: [3] (4)
- Winkel: [360] Grad (5)
- **OK**

10.8 Zentralen Kugelkopf erzeugen

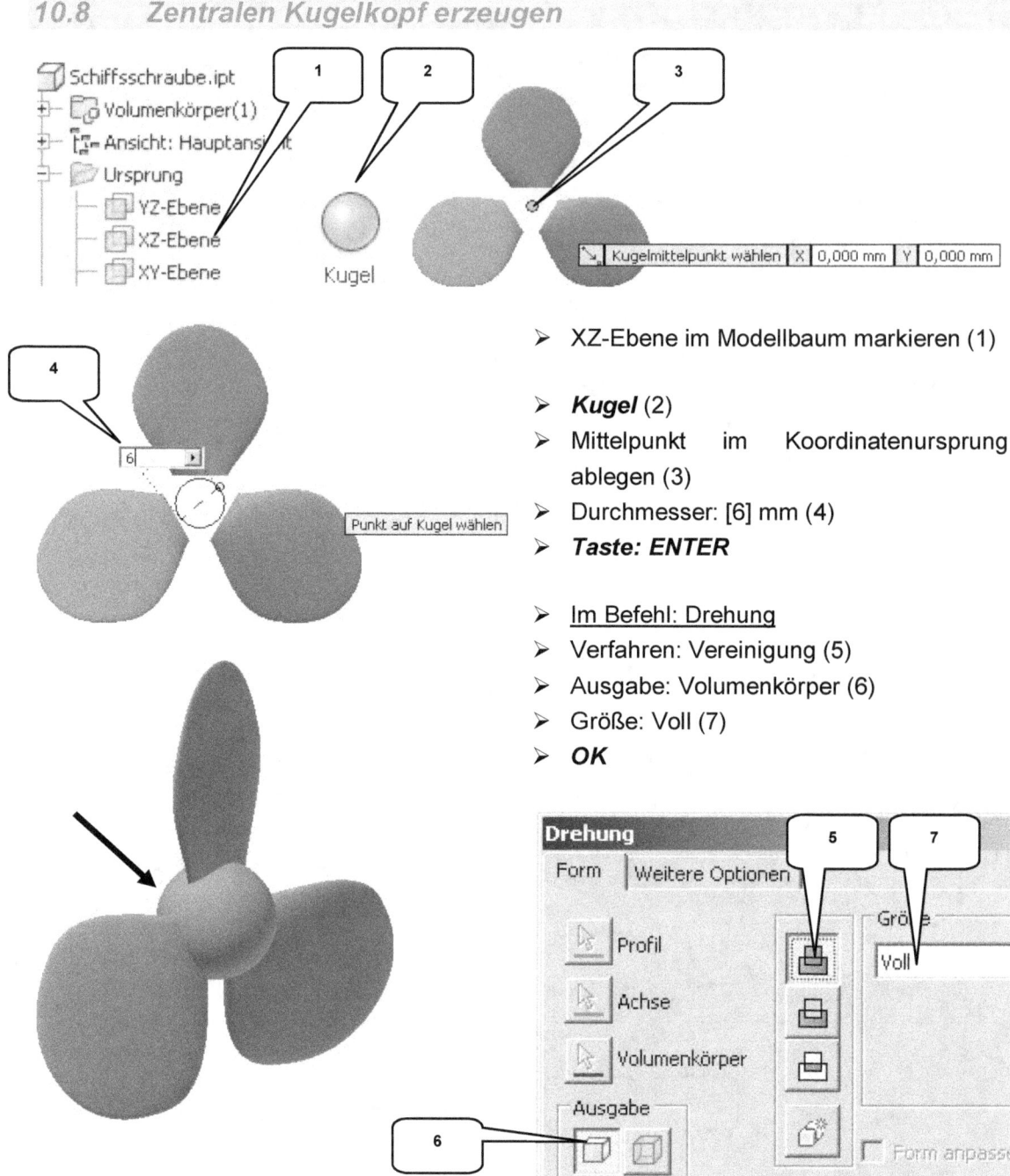

- XZ-Ebene im Modellbaum markieren (1)

- ***Kugel*** (2)
- Mittelpunkt im Koordinatenursprung ablegen (3)
- Durchmesser: [6] mm (4)
- ***Taste: ENTER***

- Im Befehl: Drehung
- Verfahren: Vereinigung (5)
- Ausgabe: Volumenkörper (6)
- Größe: Voll (7)
- ***OK***

10.9 Antriebswelle mittels Zylinder erzeugen

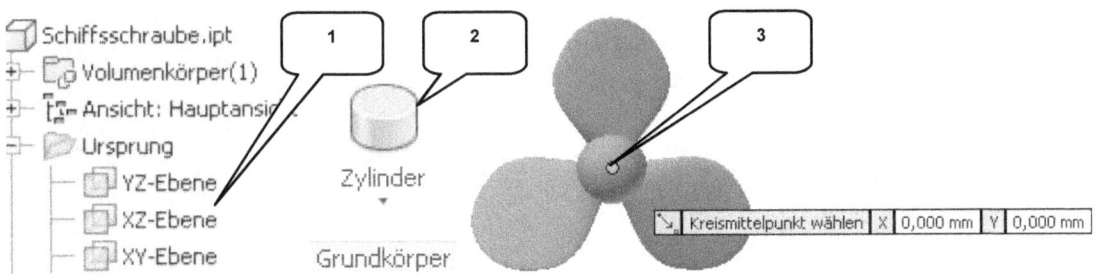

- XZ-Ebene im Modellbaum markieren (1)

- ***Zylinder*** (2)
- Mittelpunkt im Koordinatenursprung ablegen (3)
- Durchmesser: [3] mm (4)
- ***Taste: ENTER***

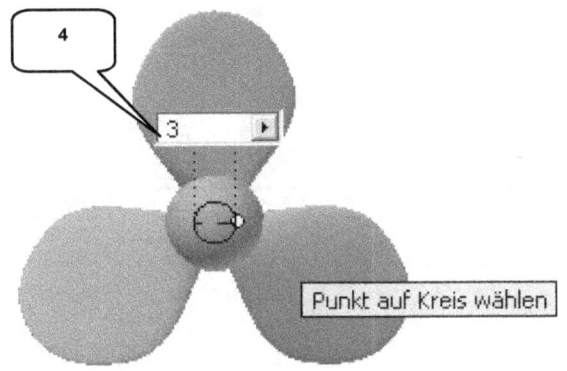

- Im Befehl: Extrusion
- Ausgabe: Volumenkörper (5)
- Verfahren: Vereinigung (6)
- Größe: Abstand (7)
- Wert: [50] mm (8)
- Richtung: 2 (9)
- ***OK***

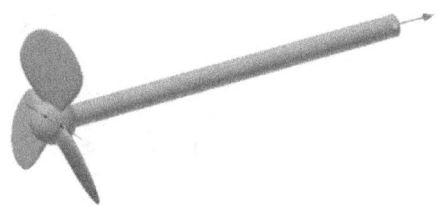

10.10 Farben zuweisen, Datei speichern und schließen

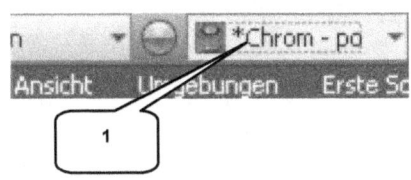

- „Schiffsschraube" im Modellbaum markieren
- Farbe z. B. „Chrom - poliert - blau" (1)

- Datei ***speichern*** und ***schließen***

11 Mast, Baum und Segel

Agenda

- Bauteil „Mast_Baum_Segel" erstellen
- 2D-Skizze des Masts zeichnen
- Mast extrudieren
- 2D-Skizze des Baums zeichnen
- Baum extrudieren
- 2D-Skizze des Segels zeichnen
- Segel als Umgrenzungsfläche erzeugen
- Farben zuweisen, Datei speichern und schließen

11.1 Bauteil „Mast_Baum_Segel" erstellen

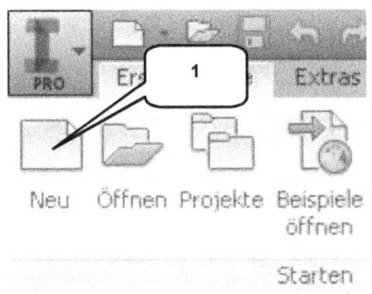

- **Neu** (1)
- Templates (2)
- Bauteil: Norm.ipt (3)
- **Erstellen** (4)

- **Skizze fertig stellen** (5)
- **Speichern** (6)
- Dateiname: [Mast_Baum_Segel] (7)
- **Speichern** (8)

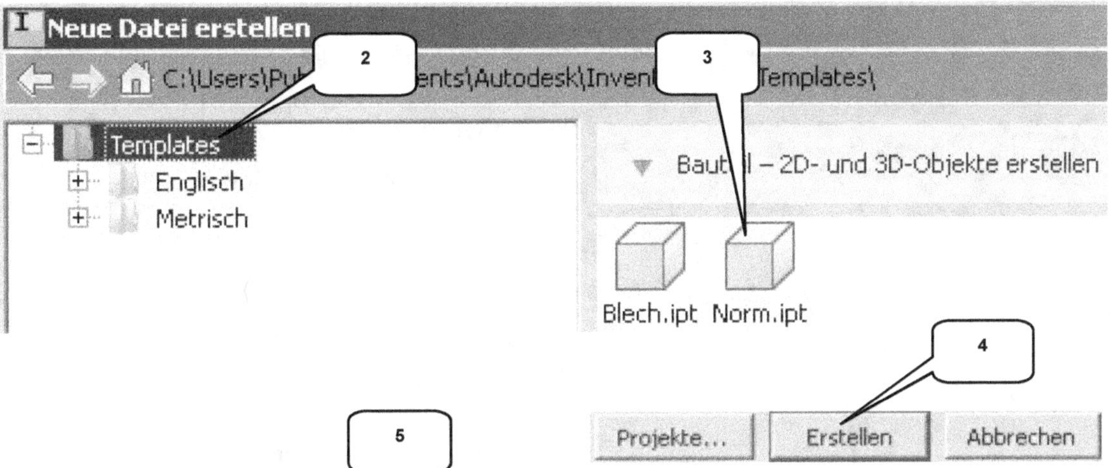

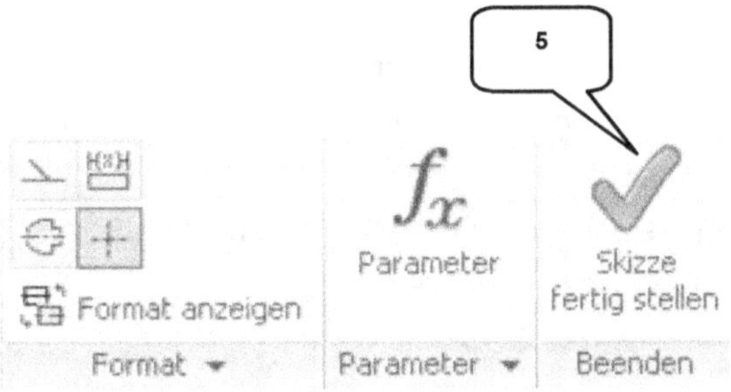

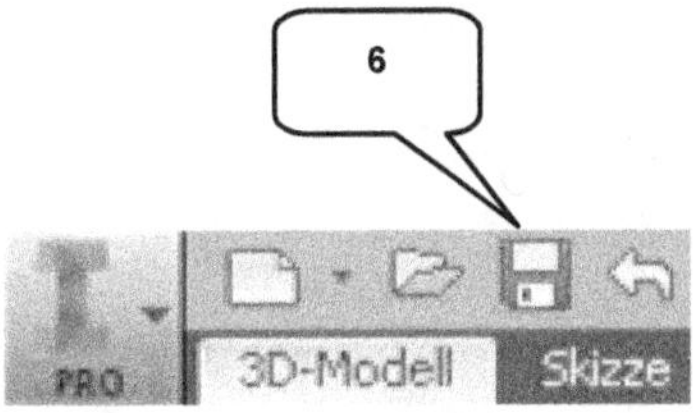

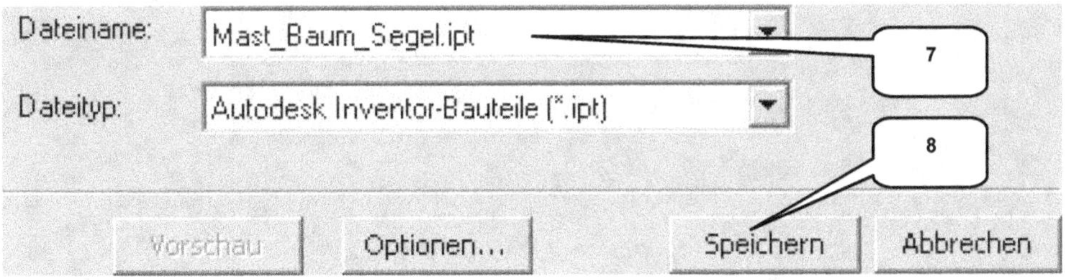

11.2 Basisskizze des Masts zeichnen

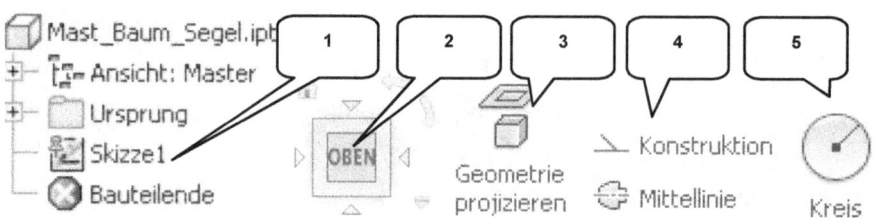

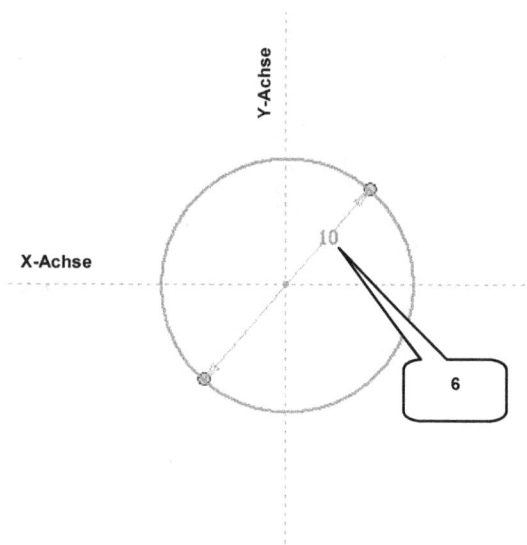

> Im Modellbaum auf „Skizze1" doppelklicken (1)

> **ViewCube-Ansicht: OBEN** (2)

> **Geometrie projizieren** (3)
> Ordner „Ursprung" im Modellbaum aufklappen
> X-, Y-, Z-Achse wählen
> **Taste: ESC**
> Alle Linien markieren

> **Konstruktion** (4)
> **Taste: ESC**

> **Kreis durch Mittelpunkt** (5)
> Kreismittelpunkt im Koordinatenursprung ablegen
> Durchmesser: [10] mm (6)
> **Taste: ENTER**
> **Taste: ESC**

> **Skizze fertig stellen**

- Mast, Baum und Segel -

11.3 Mast extrudieren

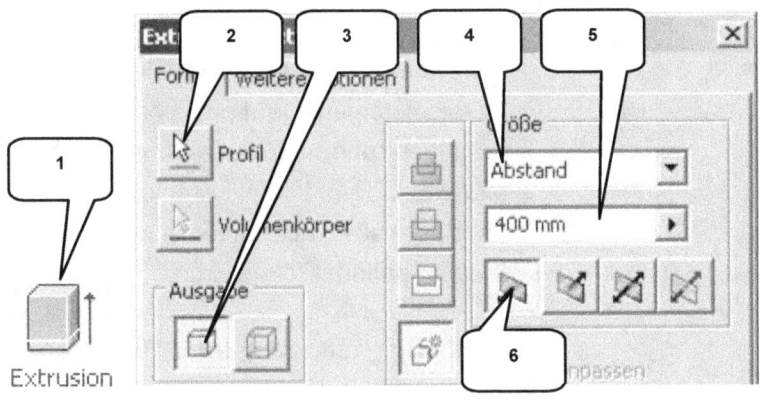
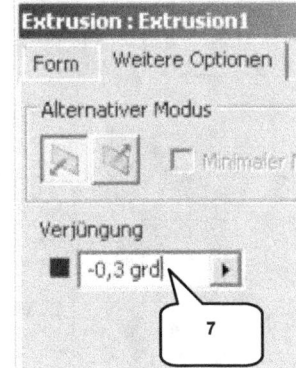

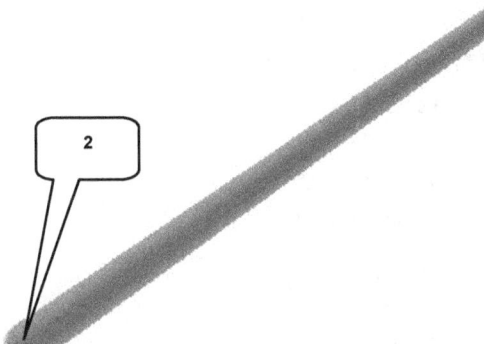

- **Extrusion** (1)
- Reiter: Form
- Profil: Kreis (2) wählen
- Ausgabe: Volumenkörper (3)
- Größe: Abstand (4)
- Wert: [400] mm (5)
- Richtung: 1 (6)
- Reiter: Weitere Optionen
- Verjüngung: [-0,3] Grad (7)
- **OK**

11.4 Basisskizze des Baums zeichnen

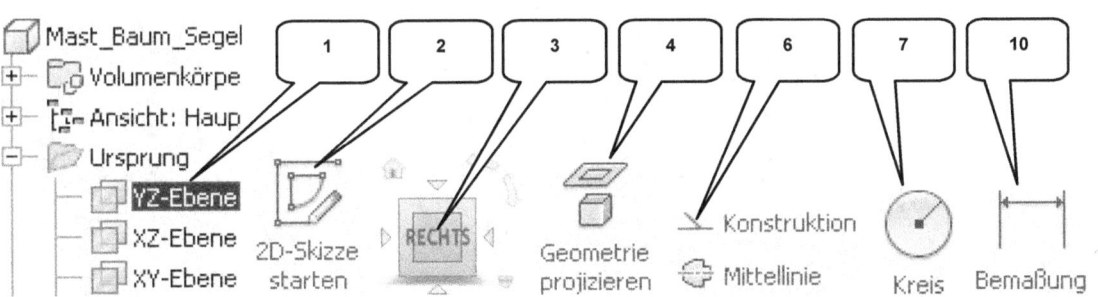

- YZ-Ebene markieren (1)

- **2D-Skizze starten** (2)
- **ViewCube-Ansicht: RECHTS** (3)
- **Taste: F7** (Skizze schneiden)

- **Geometrie projizieren** (4)
- X-, Y-, Z-Achse wählen (Modellbaum)
- Außenkanten (5, 6) am Mast wählen
- **Taste: ESC**
- Alle Linien markieren

- Mast, Baum und Segel -

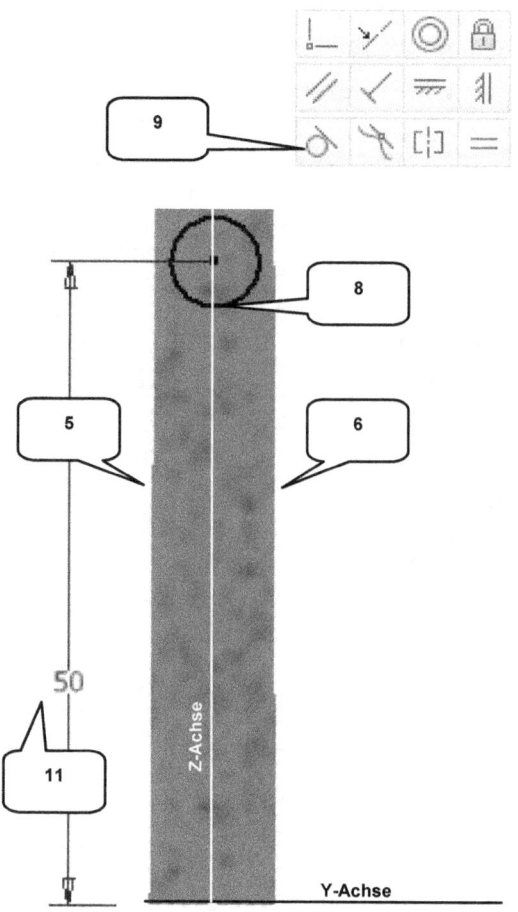

- **Konstruktion** (6)
- **Taste: ESC**

- **Kreis durch Mittelpunkt** (7)
- Kreismittelpunkt auf projizierter Z-Achse ablegen (oberhalb der Y-Achse)
- Zweiten Punkt des Kreises ablegen, sodass sich der Kreis innerhalb des Masts befindet (ohne Bemaßung!) (8)

- **Abhängigkeit: Tangential** (9)
- Kreis wählen (8)
- Projizierte Kante (5) wählen
- Kreis wählen (8)
- Projizierte Kante (6) wählen
- **Taste: ESC**

- **Bemaßung** (10)
- Kreismittelpunkt wählen
- Y-Achse wählen
- Maß ablegen
- Wert: [50] mm (11)
- **Taste: ENTER**

- **Skizze fertig stellen**

11.5   Baum extrudieren

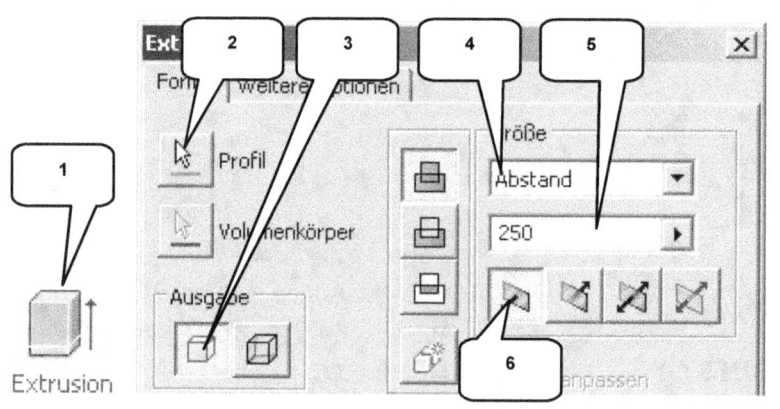 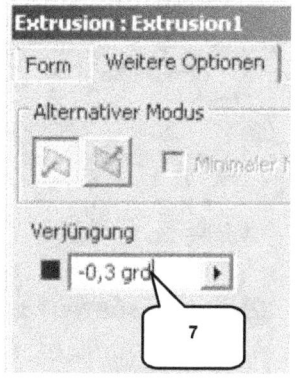

- Mast, Baum und Segel -

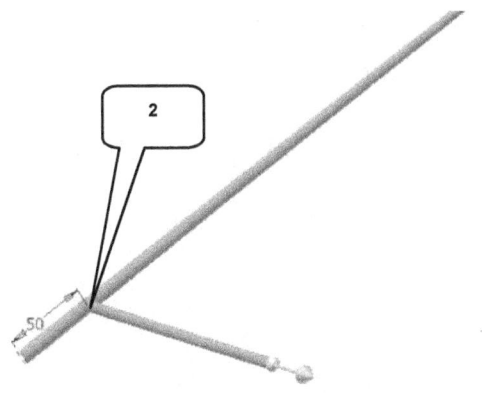

- ➢ **Extrusion** (1)
- ➢ Reiter: Form
- ➢ Profil: Kreis (2) wählen (automatisch)
- ➢ Ausgabe: Volumenkörper (3)
- ➢ Größe: Abstand (4)
- ➢ Wert: [250] mm (5)
- ➢ Richtung: 1 (6)
- ➢ Reiter: Weitere Optionen
- ➢ Verjüngung: [-0,3] Grad (7)
- ➢ **OK**

11.6 Basisskizze des Segels zeichnen

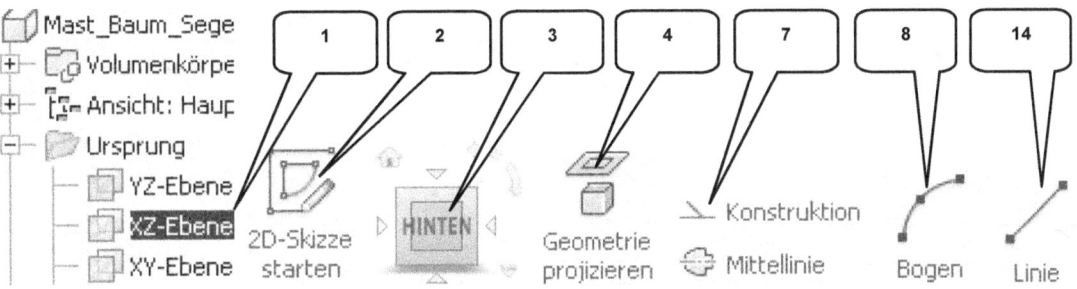

- ➢ XZ-Ebene markieren (1)

- ➢ **2D-Skizze starten** (2)

- ➢ **ViewCube-Ansicht: HINTEN** (3)

- ➢ **Geometrie projizieren** (4)
- ➢ Außenkante des Masts (5) und Außenkante des Baums (6) projizieren
- ➢ **Taste: ESC**
- ➢ Alle Linien markieren

- ➢ **Konstruktion** (7)
- ➢ **Taste: ESC**

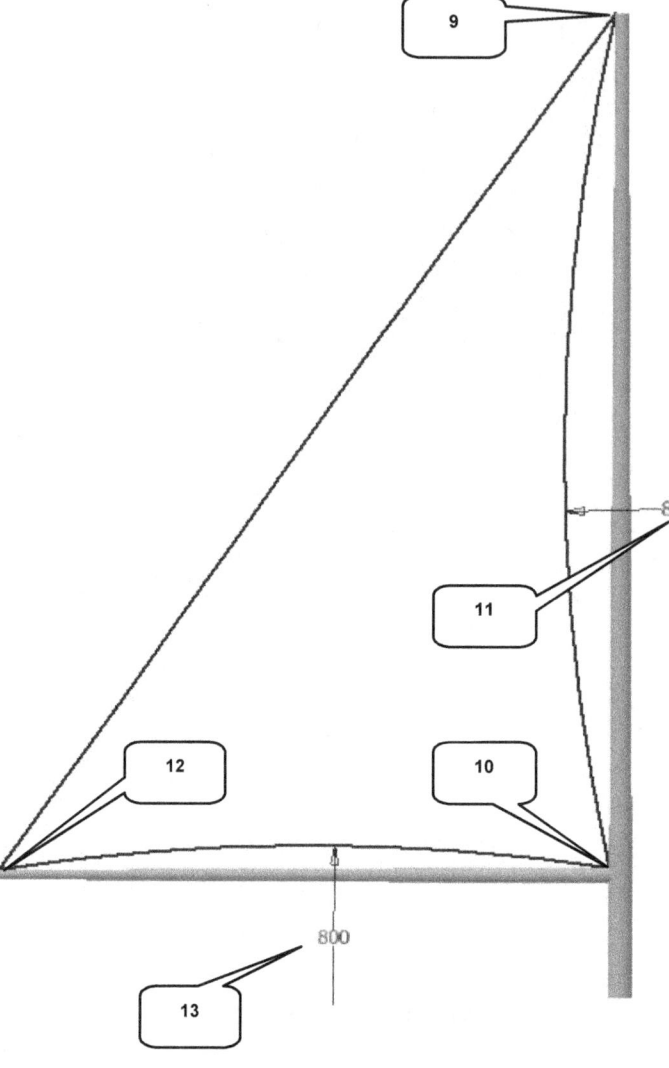

- **Bogen durch drei Punkte** (8)
- 1. Punkt: Punkt (9) wählen
- 2. Punkt: Punkt (10) wählen
- Maus etwas nach links ziehen
- Bogenradius: [800] mm (11)
- **Taste: ENTER**
- **Taste: ESC**

- **Bogen durch drei Punkte** (8)
- 1. Punkt: Punkt (10) wählen
- 2. Punkt: Punkt (12) wählen
- Maus etwas nach oben ziehen
- Bogenradius: [800] mm (13)
- **Taste: ENTER**
- **Taste: ESC**

- **Linie** (14)
- 1. Punkt: Punkt (9) wählen
- 2. Punkt: Punkt (12) wählen
- **Taste: ESC**

- **Skizze fertig stellen**

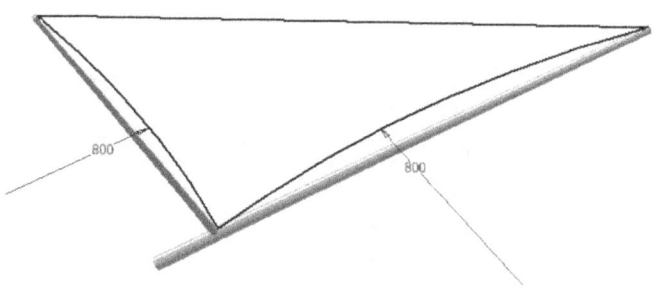

11.7 Segel als Flächenelement (Umgrenzungsfläche) erzeugen

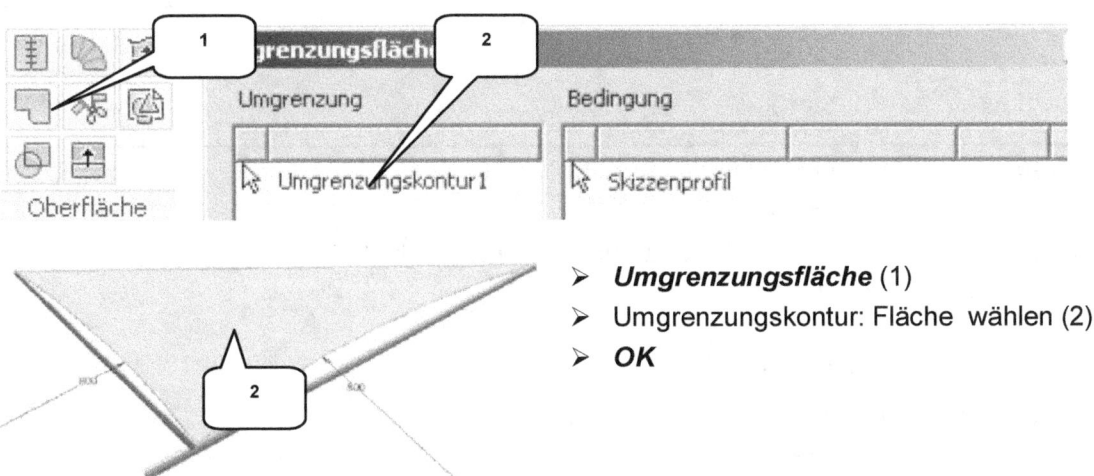

- **Umgrenzungsfläche** (1)
- Umgrenzungskontur: Fläche wählen (2)
- **OK**

11.8 Farben zuweisen, Datei speichern und schließen

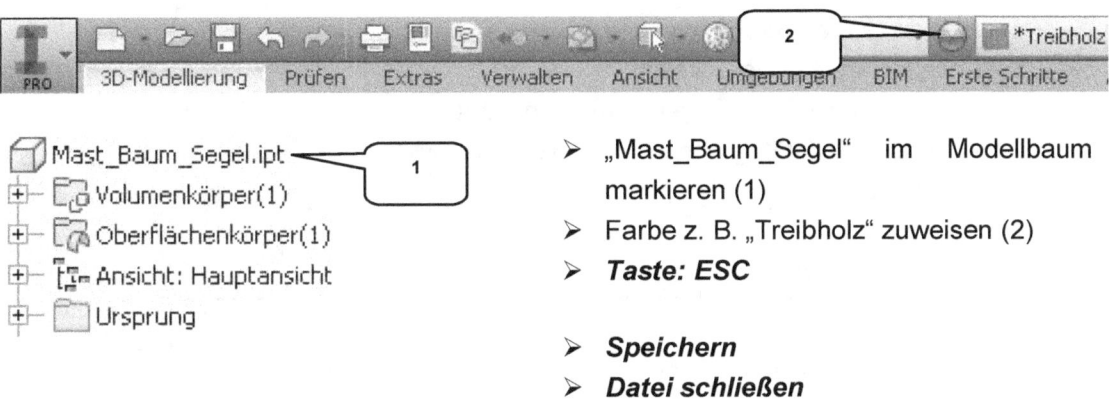

- „Mast_Baum_Segel" im Modellbaum markieren (1)
- Farbe z. B. „Treibholz" zuweisen (2)
- **Taste: ESC**

- **Speichern**
- **Datei schließen**

HINWEIS: Voraussetzung für den Befehl „Umgrenzungsfläche" ist eine geschlossene 2D-Kontur. Sollte die Kontur nicht erkannt werden, muss in die Skizze zurückgewechselt werden und die Kontur dort geschlossen werden (rechte Maustaste auf eine der Linien > Kontur schließen). Eine „Umgrenzungsfläche" stellt eine gewichtslose Fläche dar, welcher später Material hinzugefügt werden kann (Befehl: Verdickung/ Versatz).

12 Baugruppe „BG_Speedboot"

Agenda

- Baugruppe „BG_Speedboot" erzeugen
- Platzieren der Bauteile
- „Rumpf_Speedboot" aus der Baugruppe heraus bearbeiten
- Bohrung für Antriebswelle in den Rumpf einfügen
- Bohrung spiegeln
- Schiffsschraube drehen
- Schiffsschraube von Bohrung abhängig machen
- Schiffsschraube spiegeln
- Bauteil „Reling" aus der Baugruppe heraus erstellen
- Erste 2D-Skizze zeichnen
- Zweite 2D-Skizze zeichnen
- Sweepen der ersten Strebe
- 3D-Skizze für Anordnung erstellen
- Strebe kopieren und entlang der Rumpfkante anordnen
- 2D-Skizze für Handgriff zeichnen, 3D-Skizze reaktivieren
- Handgriff sweepen
- Spiegeln der Reling
- Farben zuweisen, Datei speichern

12.1 Baugruppe „BG_Speedboot" erzeugen

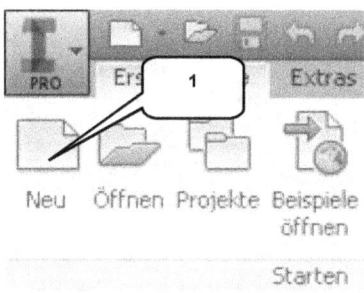

- ➢ **Neu** (1)
- ➢ Templates (2)
- ➢ Baugruppe: Norm.iam (3)
- ➢ **Erstellen** (4)

- ➢ **Speichern** (5)
- ➢ Dateiname: [BG_Speedboot] (6)
- ➢ **Speichern** (7)

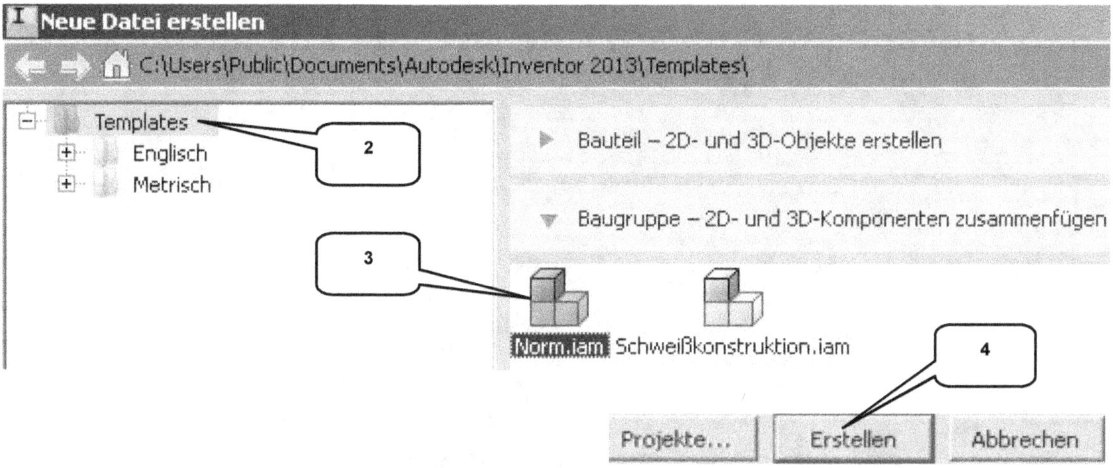

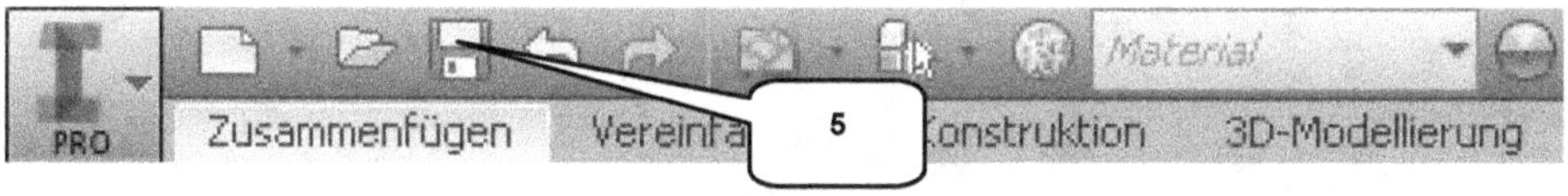

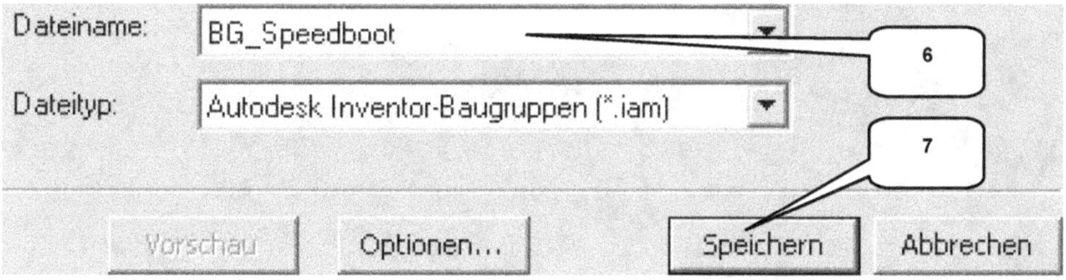

12.2 Bauteile platzieren

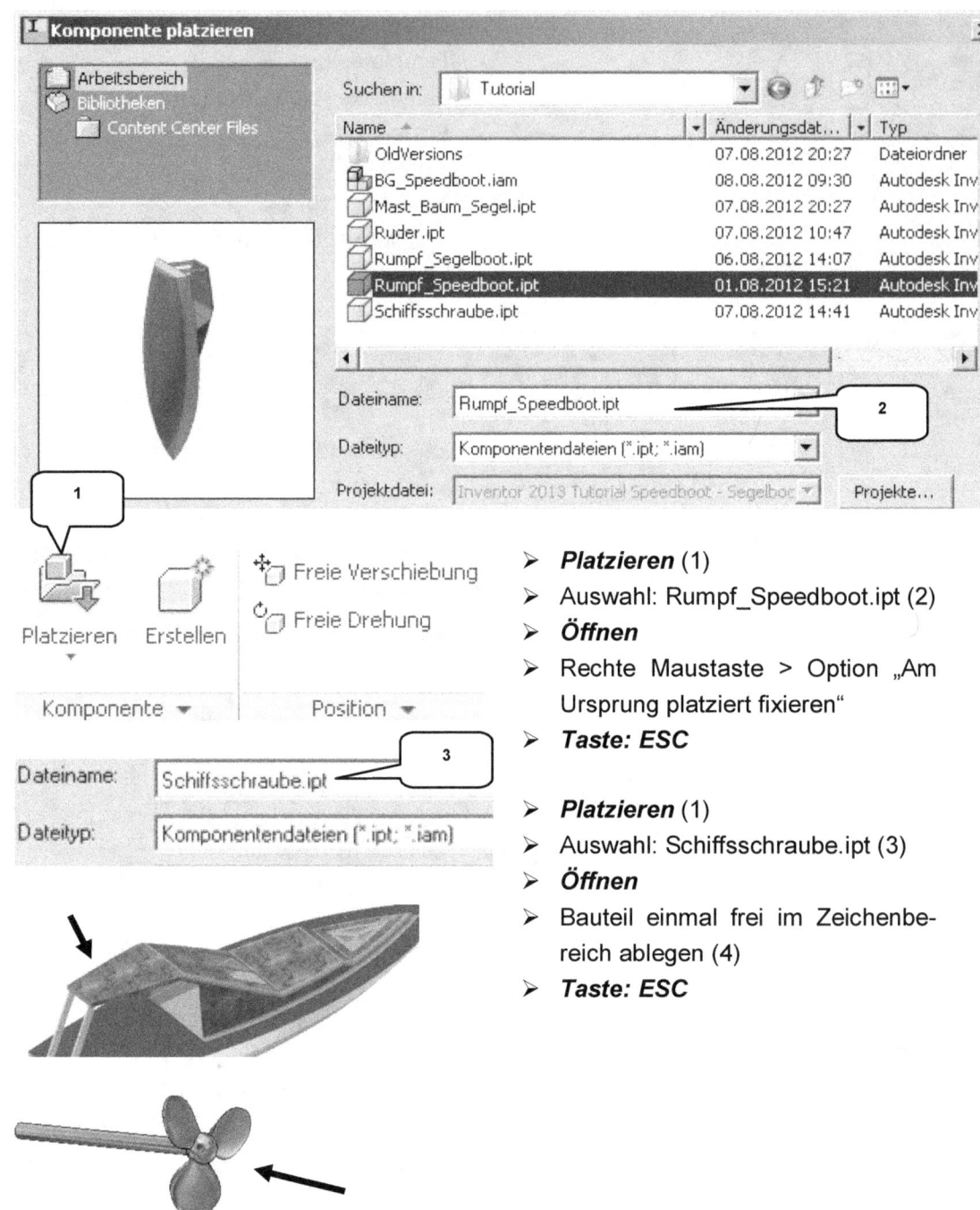

- **Platzieren** (1)
- Auswahl: Rumpf_Speedboot.ipt (2)
- **Öffnen**
- Rechte Maustaste > Option „Am Ursprung platziert fixieren"
- **Taste: ESC**

- **Platzieren** (1)
- Auswahl: Schiffsschraube.ipt (3)
- **Öffnen**
- Bauteil einmal frei im Zeichenbereich ablegen (4)
- **Taste: ESC**

12.3 „Rumpf_Speedboot" innerhalb der Baugruppe bearbeiten

> Rechte Maustaste auf Bauteil „Rumpf_Speedboot"
> Option: Bearbeiten (1)

> (Programm wechselt in den Bearbeitungsbereich des Bauteils)

12.4 Bohrung für Antriebswelle in den Rumpf einbringen

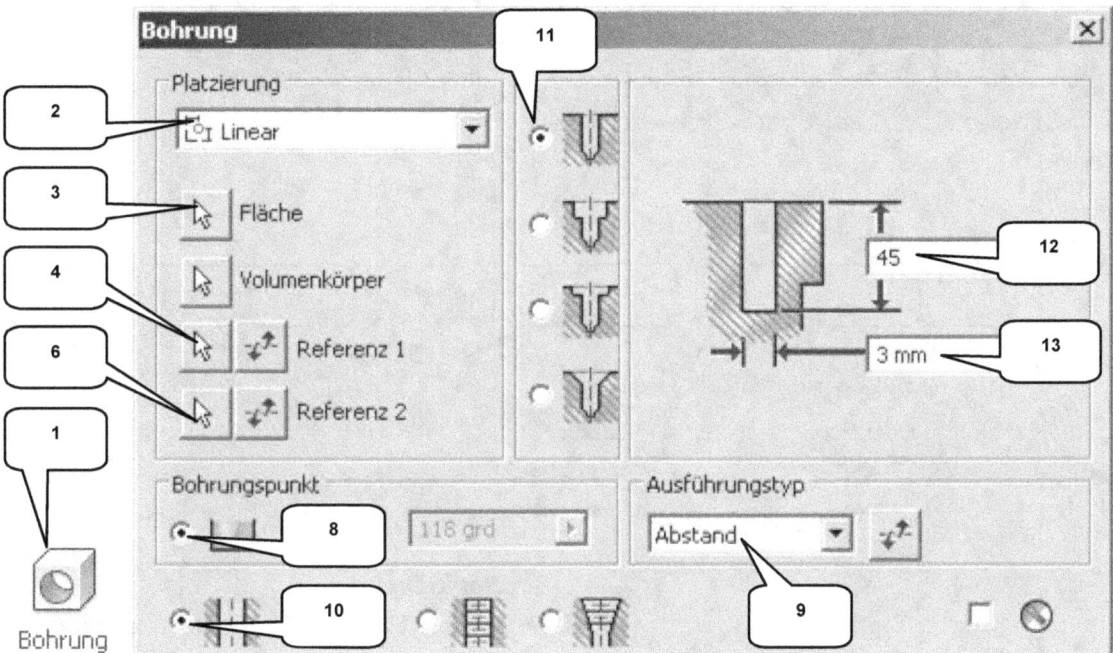

> **Bohrung** (1)
> Platzierungstyp: Linear (2)
> Fläche: Fläche (3) wählen (unterer Teil des Rumpfes, Fläche am Heckbereich)
> Referenz 1: Kante (4) wählen (Rumpf)
> Abstand: [45] mm (5)
> Referenz 2: Kante (6) wählen (Strebe)

> Abstand: [0] mm (7)
> Bohrungspunkt: Flach (8)
> Ausführungstyp: Abstand (9)
> Option: Einfache Bohrung (10)
> Option: Bohren (11)
> Bohrungstiefe: [45] mm (12)
> Bohrungsdurchmesser: [3] mm (13)
> **OK**

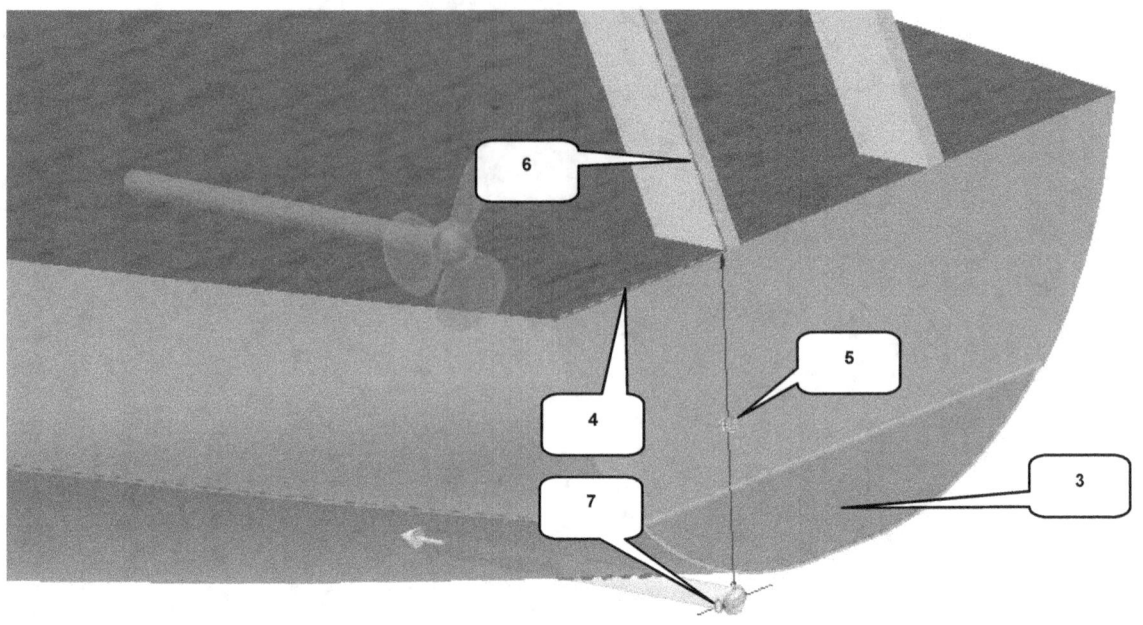

12.5 Bohrung für Antriebswelle spiegeln

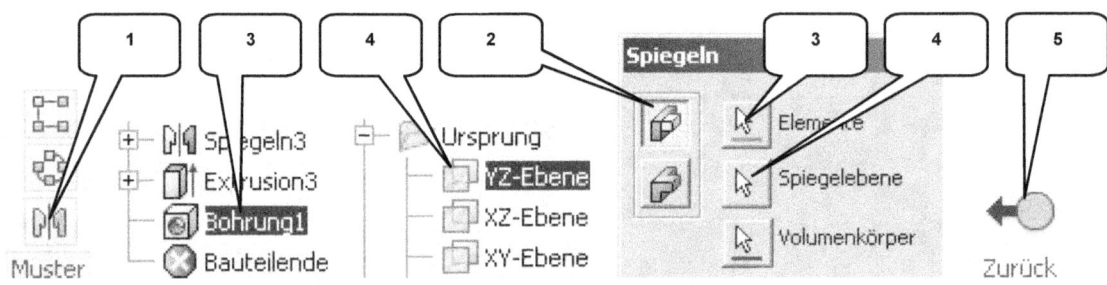

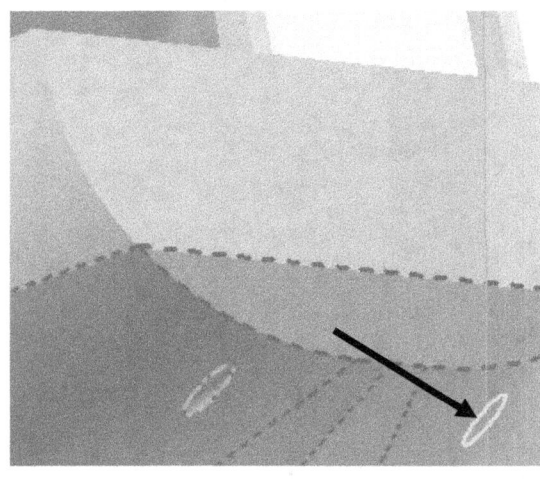

- ➤ **Spiegeln** (1)
- ➤ Option: Einzelne Elemente spiegeln (2)
- ➤ Elemente: Bohrung wählen (3)
- ➤ Spiegelebene: YZ-Ebene des Bauteils „Rumpf_Speedboot" (4) wählen (<u>nicht</u> die YZ-Ebene der Baugruppe!)
- ➤ **OK**

- ➤ **Zurück** (5)

- ➤ (Programm wechselt in den Baugruppenbereich zurück)

12.6 Ausrichtung der Schiffsschraube optimieren

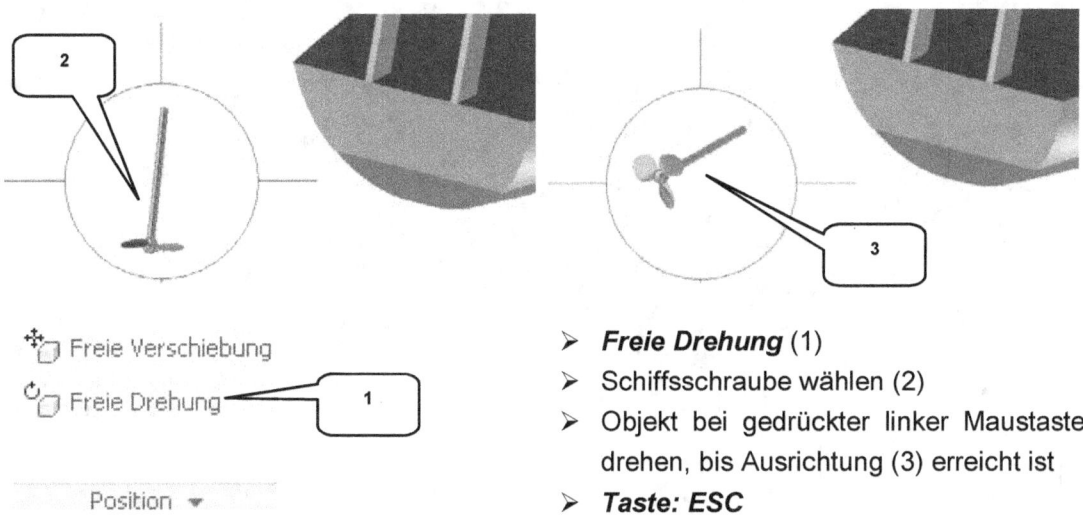

- **Freie Drehung** (1)
- Schiffsschraube wählen (2)
- Objekt bei gedrückter linker Maustaste drehen, bis Ausrichtung (3) erreicht ist
- **Taste: ESC**

12.7 Antriebswelle in Bohrung platzieren

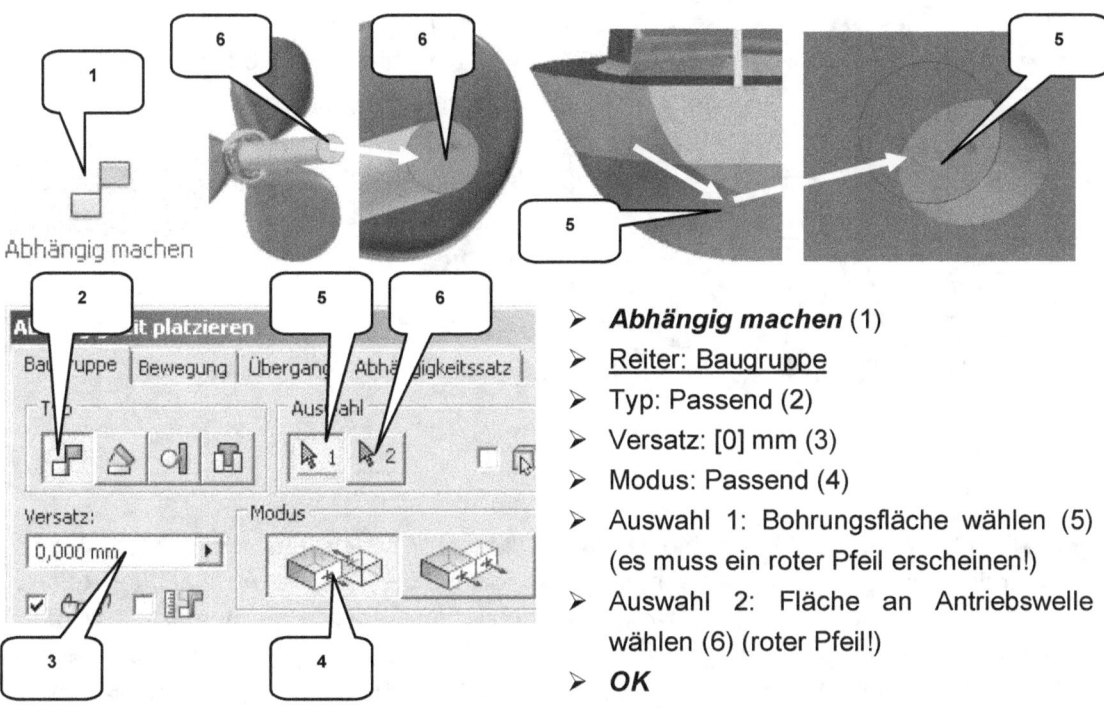

- **Abhängig machen** (1)
- Reiter: Baugruppe
- Typ: Passend (2)
- Versatz: [0] mm (3)
- Modus: Passend (4)
- Auswahl 1: Bohrungsfläche wählen (5) (es muss ein roter Pfeil erscheinen!)
- Auswahl 2: Fläche an Antriebswelle wählen (6) (roter Pfeil!)
- **OK**

HINWEIS: Vor dem Setzen von Abhängigkeiten sollten die betreffenden Objekte stets in eine günstige Position gedreht werden.

- Baugruppe „BG_Speedboot" -

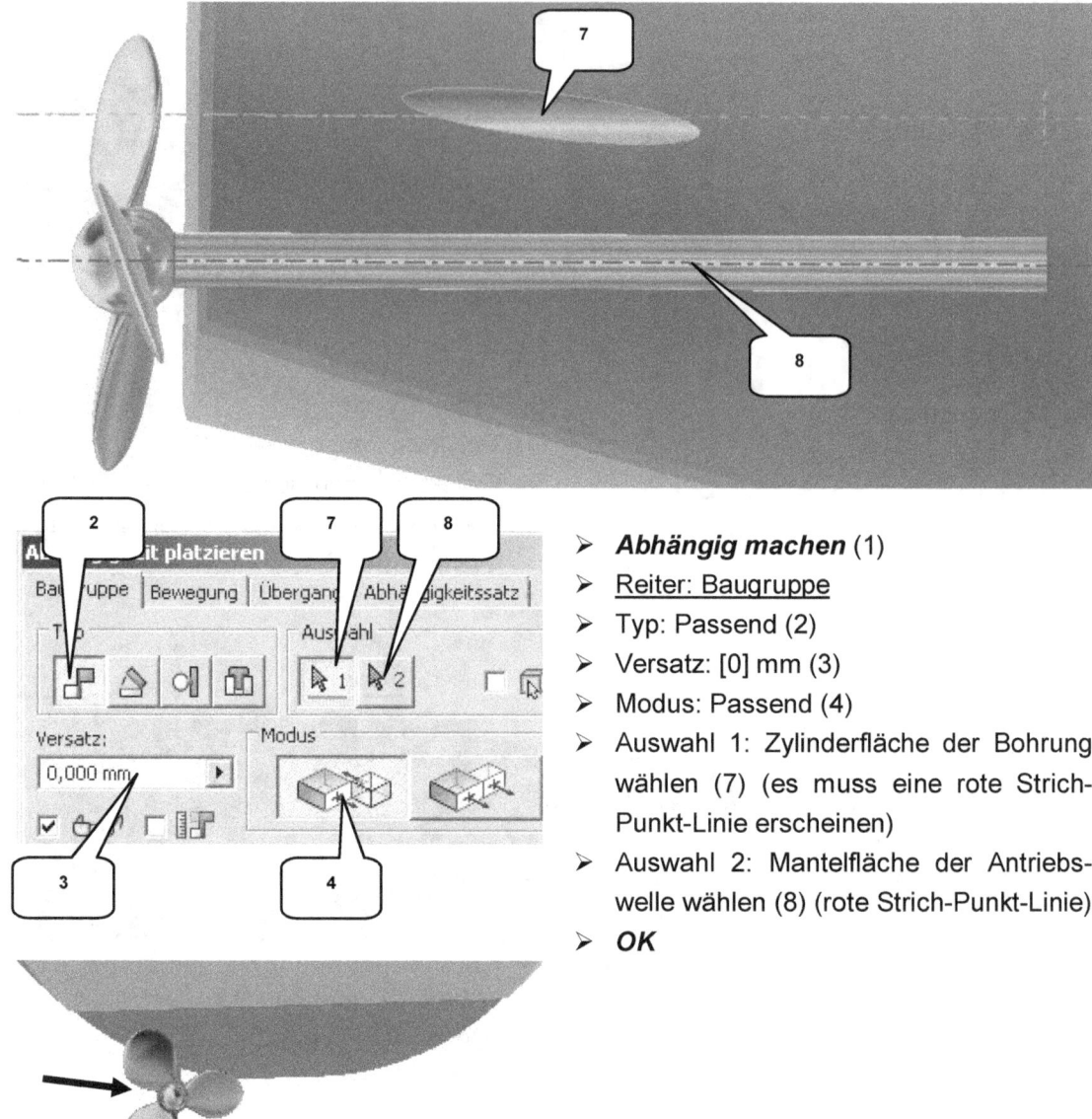

- **Abhängig machen** (1)
- Reiter: Baugruppe
- Typ: Passend (2)
- Versatz: [0] mm (3)
- Modus: Passend (4)
- Auswahl 1: Zylinderfläche der Bohrung wählen (7) (es muss eine rote Strich-Punkt-Linie erscheinen)
- Auswahl 2: Mantelfläche der Antriebswelle wählen (8) (rote Strich-Punkt-Linie)
- **OK**

HINWEIS: Mit dem Befehl „Abhängig machen" können Ebenen, Flächen, Kanten, Achsen, Ecken oder Punkte voneinander abhängig gemacht werden. Bei der Auswahl der Referenzen ist daher darauf zu achten, welches Symbol in der Voranzeige dargestellt wird. Ein kleiner Pfeil symbolisiert die Auswahl einer Ebene/ Fläche, eine rote gestrichelte Linie symbolisiert die Auswahl einer Kante oder Achse, und ein grüner Punkt symbolisiert die Auswahl einer Ecke/ eines Punktes.

- Baugruppe „BG_Speedboot" -

12.8 Schiffsschraube spiegeln

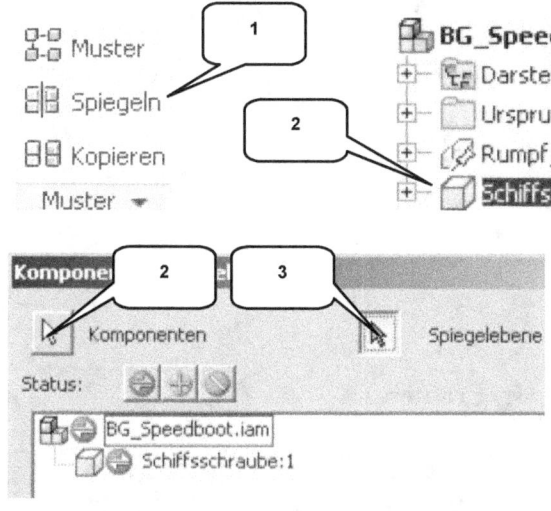

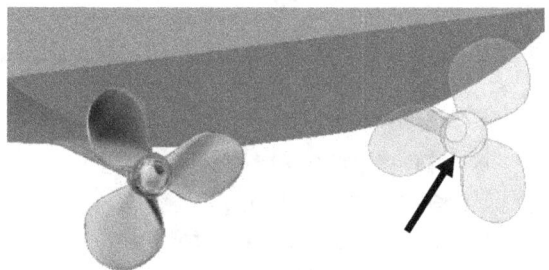

- ➤ **Spiegeln** (1)
- ➤ Fenster: Status
- ➤ Komponente: Schiffsschraube (2)
- ➤ Spiegelebene: YZ-Ebene (3) (Ordner „Ursprung" der Baugruppe)
- ➤ **Weiter**
- ➤ Fenster: Dateinamen
- ➤ Aktivieren: Suffix (4)
- ➤ Bezeichnung: [_Kopie] (5)
- ➤ Komponentenziel: In Baugruppe einfügen (6)
- ➤ **OK**

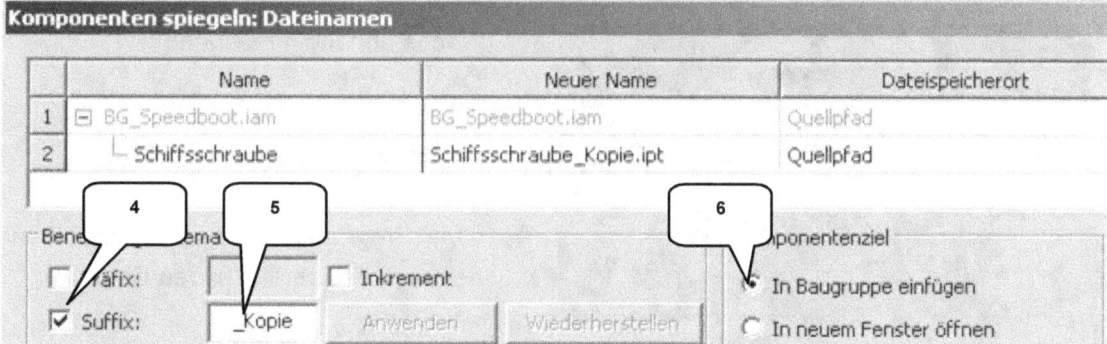

HINWEIS: Wurde eine Kopie eines Bauteils in einer Baugruppe erstellt, wird diese Kopie zwar auf die gewünschte Position gesetzt, ist allerdings noch frei beweglich. Alle Abhängigkeiten müssen daher erneut vergeben werden. Alternativ: rechte Maustaste > Fixiert.

12.9 Bauteil „Reling.ipt" aus der Baugruppe heraus erstellen

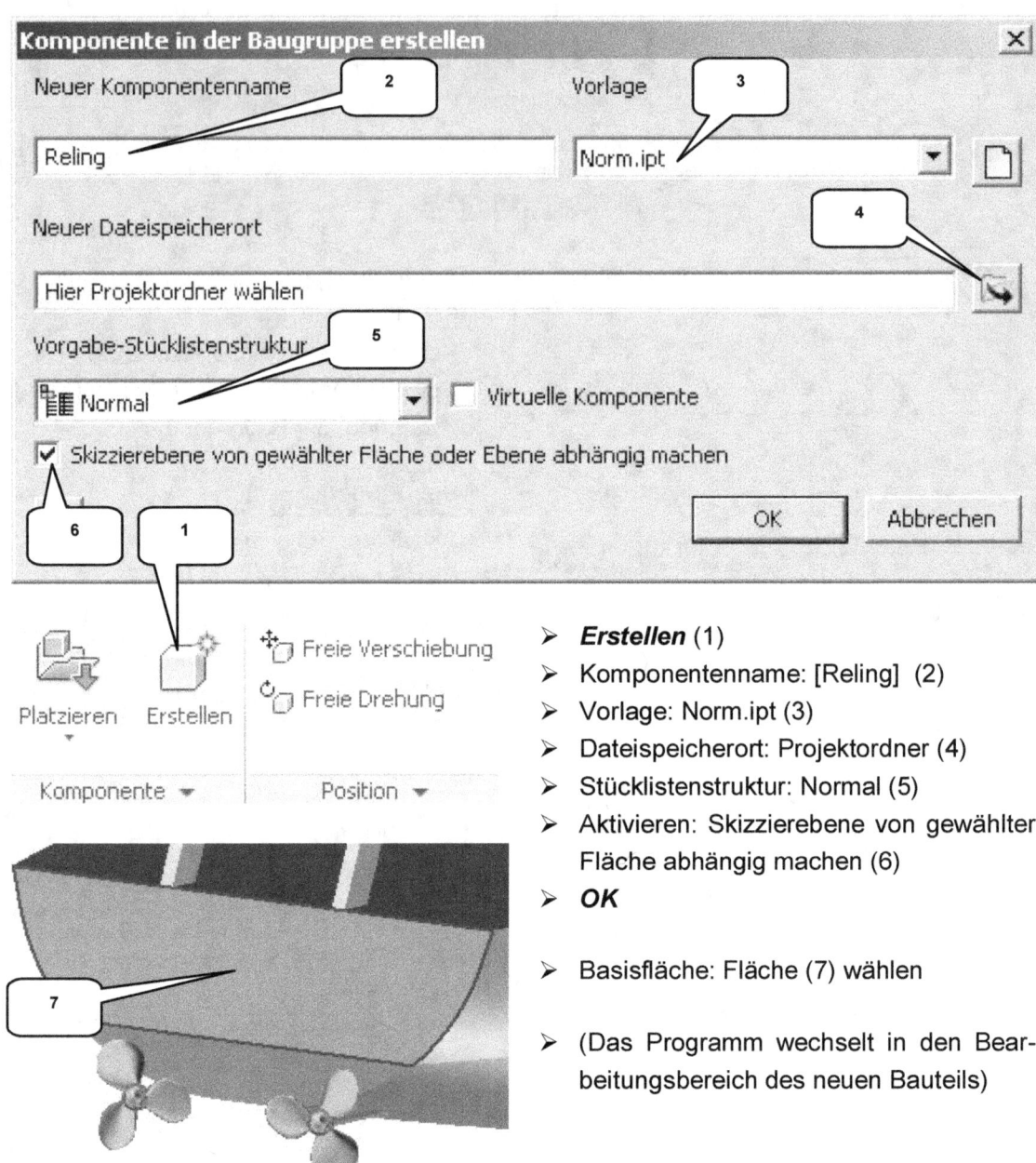

- **Erstellen** (1)
- Komponentenname: [Reling] (2)
- Vorlage: Norm.ipt (3)
- Dateispeicherort: Projektordner (4)
- Stücklistenstruktur: Normal (5)
- Aktivieren: Skizzierebene von gewählter Fläche abhängig machen (6)
- **OK**

- Basisfläche: Fläche (7) wählen

- (Das Programm wechselt in den Bearbeitungsbereich des neuen Bauteils)

12.10 Erste 2D-Skizze zeichnen

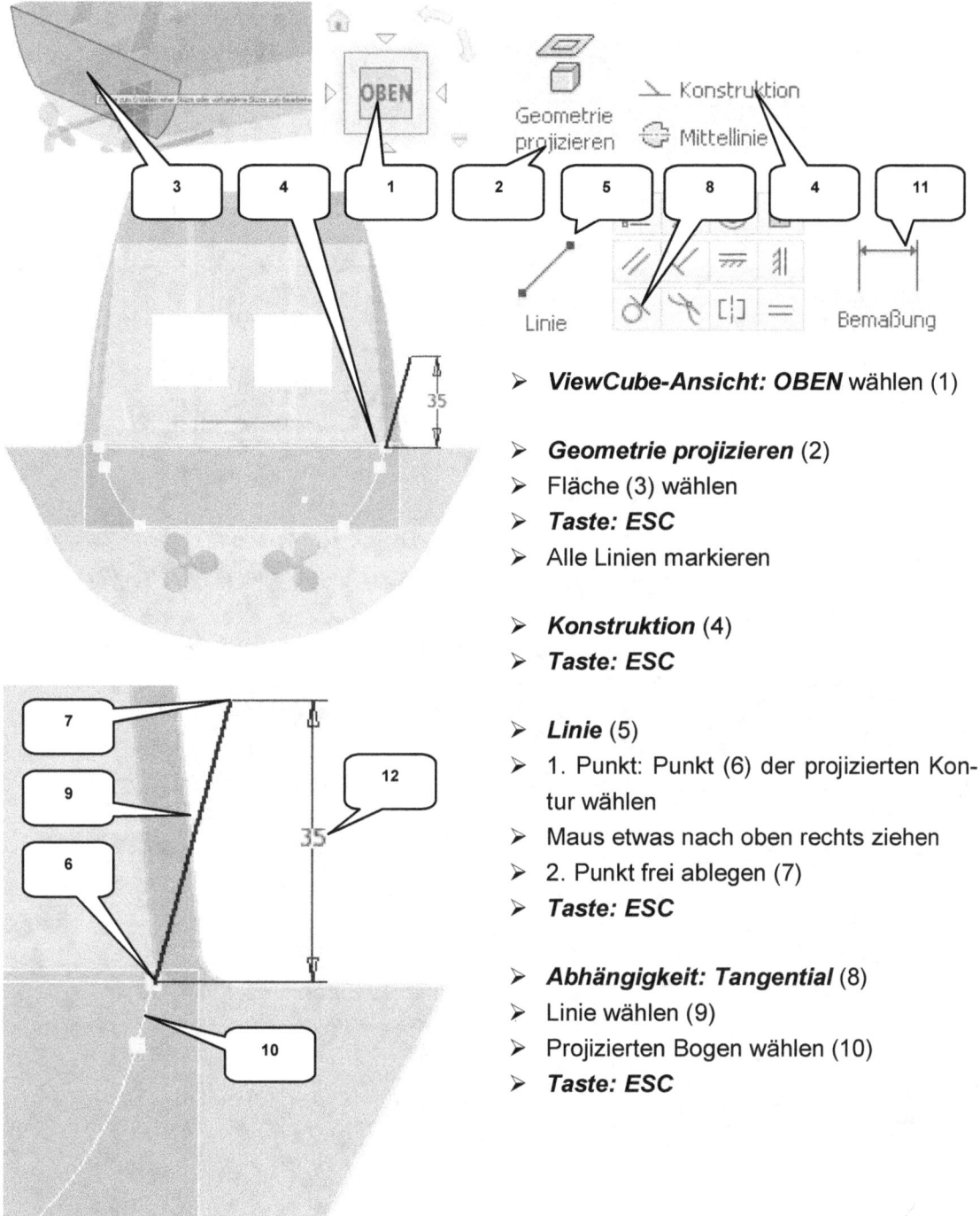

- *ViewCube-Ansicht: OBEN* wählen (1)

- *Geometrie projizieren* (2)
- Fläche (3) wählen
- *Taste: ESC*
- Alle Linien markieren

- *Konstruktion* (4)
- *Taste: ESC*

- *Linie* (5)
- 1. Punkt: Punkt (6) der projizierten Kontur wählen
- Maus etwas nach oben rechts ziehen
- 2. Punkt frei ablegen (7)
- *Taste: ESC*

- *Abhängigkeit: Tangential* (8)
- Linie wählen (9)
- Projizierten Bogen wählen (10)
- *Taste: ESC*

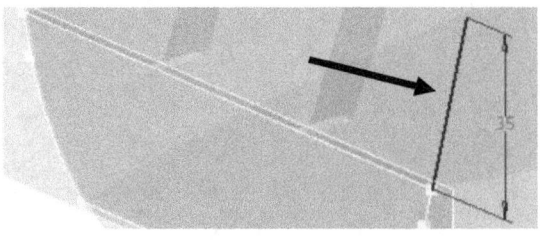

- ➤ **Bemaßung** (11)
- ➤ Linie wählen (9)
- ➤ Maß rechts daneben ablegen (12)
- ➤ Wert: [35] mm (vertikale Ausrichtung)

- ➤ **Skizze fertig stellen**

12.11 Zweite 2D-Skizze zeichnen

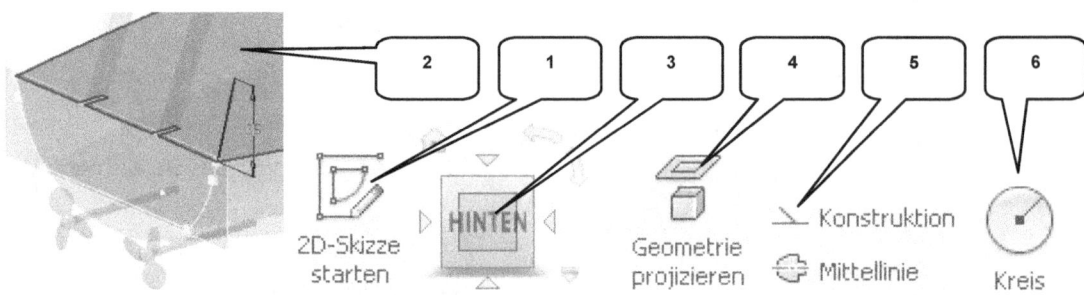

- ➤ **2D-Skizze starten** (1)
- ➤ Markierte Oberfläche wählen (2)

- ➤ **ViewCube-Ansicht: HINTEN** wählen (3)

- ➤ **Geometrie projizieren** (4)
- ➤ Fläche (2) wählen
- ➤ **Taste: ESC**
- ➤ Alle Linien markieren

- ➤ **Konstruktion** (5)
- ➤ **Taste: ESC**

- ➤ **Kreis durch Mittelpunkt** (6)
- ➤ Kreismittelpunkt auf Pos. (7) ablegen (ca.)
- ➤ Durchmesser: [3] mm (8)
- ➤ **Taste: ENTER**
- ➤ **Taste: ESC**

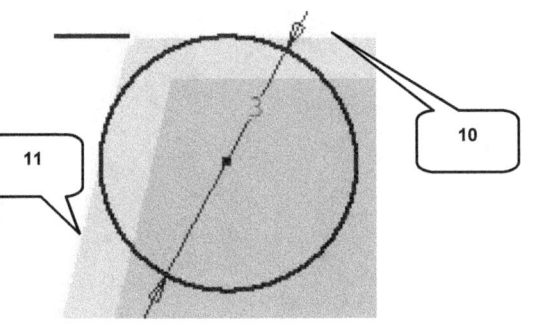

- ➤ **Abhängigkeit: Tangential** (9)
- ➤ Projizierte Linie wählen (10)
- ➤ Kreis wählen
- ➤ Projizierte Linie wählen (11)
- ➤ Kreis wählen
- ➤ **Taste: ESC**

- ➤ **Skizze fertig stellen**

12.12 Sweepen der Strebe

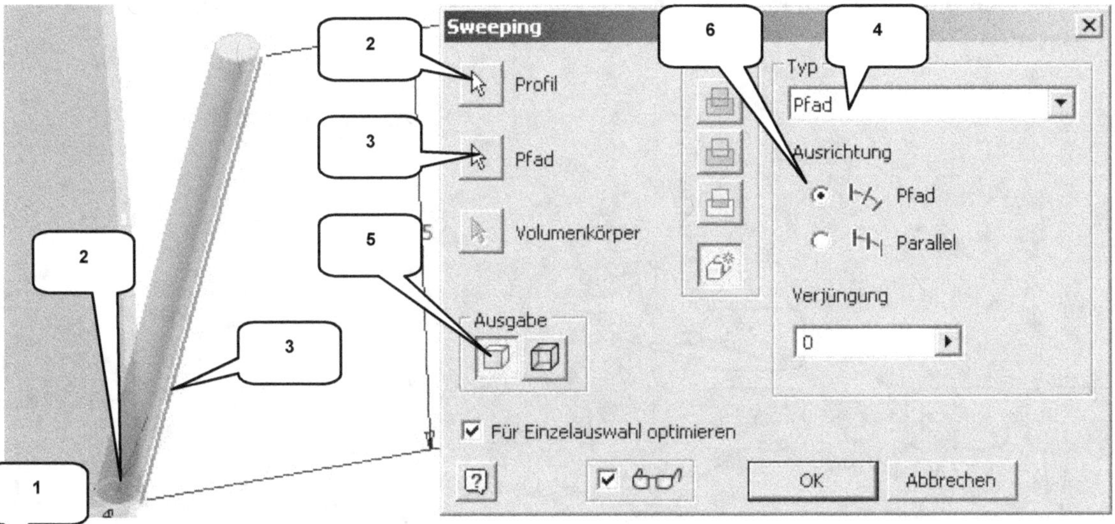

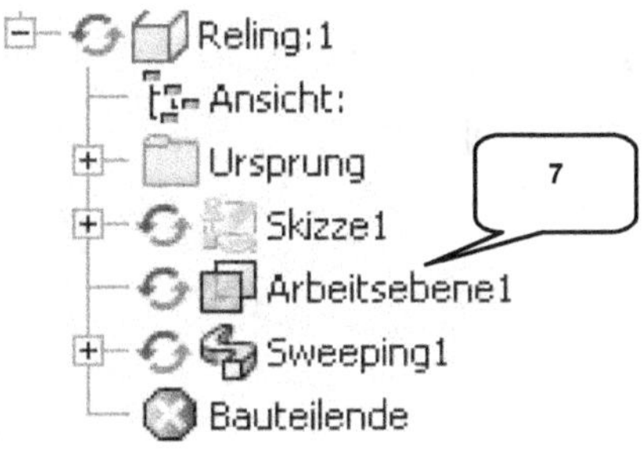

- ➤ **Sweeping** (1)
- ➤ Profil: Kreis wählen (2)
- ➤ Pfad: Linie wählen (3)
- ➤ Typ: Pfad (4)
- ➤ Ausgabe: Volumenkörper (5)
- ➤ Ausrichtung: Pfad (6)
- ➤ **OK**

- ➤ „Pfad schneidet Profil nicht" mit „JA" bestätigen

- ➤ Arbeitsebene ausblenden (7) (rechte Maustaste > Sichtbarkeit deaktivieren)

12.13 3D-Skizze für Anordnung erstellen

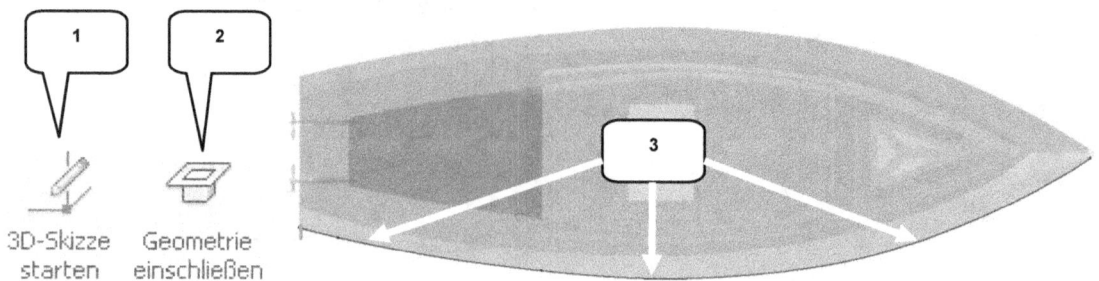

- ➢ **3D-Skizze starten** (1) (Befehl befindet sich hinter dem Befehl „2D-Skizze starten")

- ➢ **Geometrie einschließen** (2)
- ➢ 3 Bogensegmente des Rumpfes nacheinander wählen (3)

- ➢ **Skizze fertig stellen**

12.14 Strebe entlang der Rumpfkante anordnen

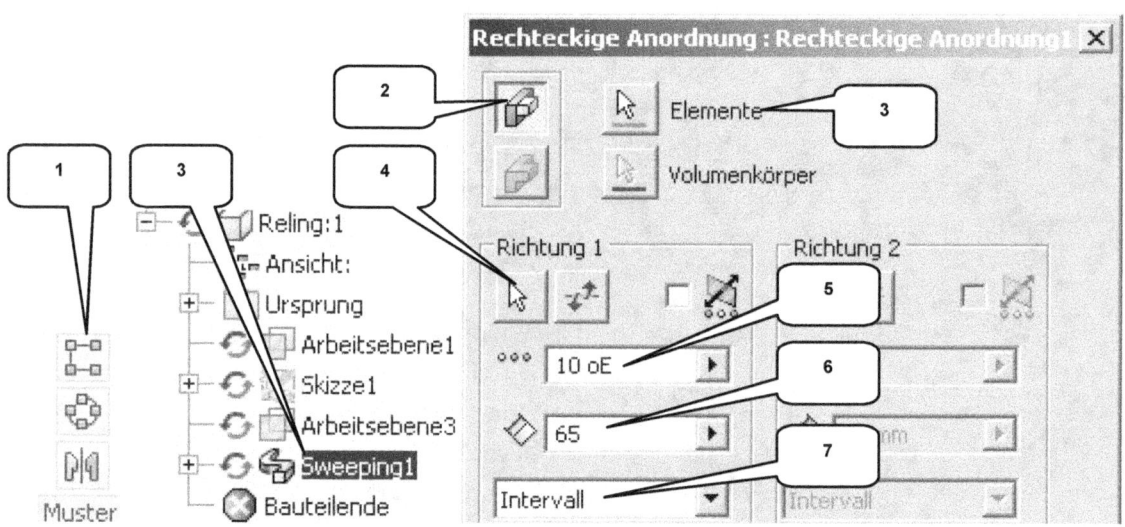

- ➢ **Rechteckige Anordnung** (1)
- ➢ Option: Einzelne Elemente (2)
- ➢ Elemente: „Sweeping1" wählen (3)
- ➢ Richtung1: Projizierte Kante aus 3D-Skizze wählen (4)

- ➢ Anzahl: [10] o. E. (5)
- ➢ Abstand: [65] mm (6)
- ➢ Option: Intervall (7)
- ➢ **OK**

- Baugruppe „BG_Speedboot" -

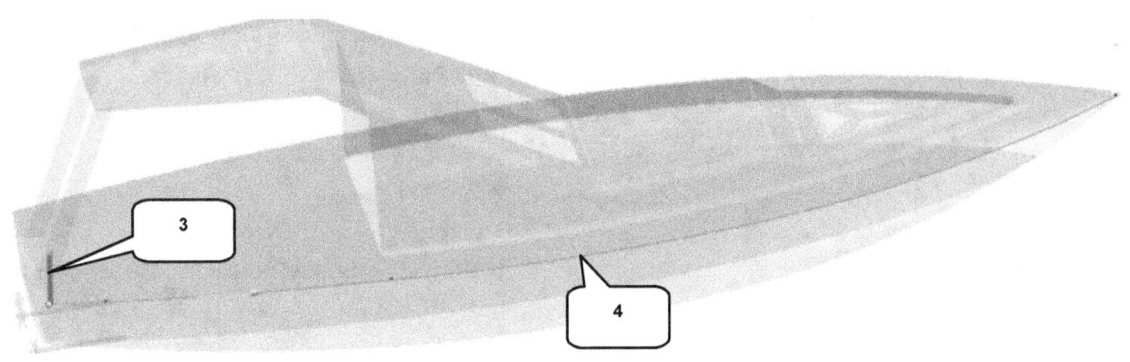

12.15 2D-Skizze für Handgriff zeichnen, 3D-Skizze reaktivieren

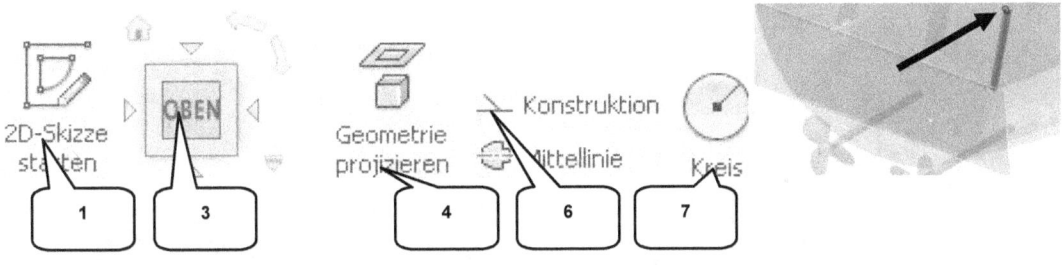

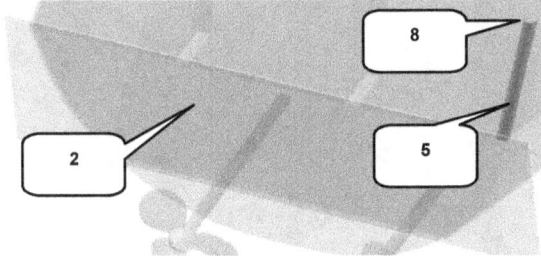

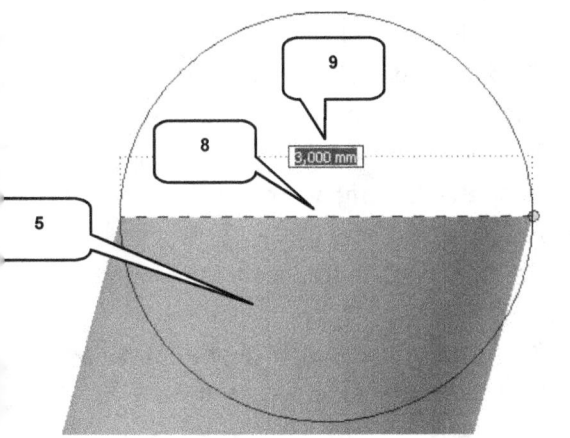

- ➤ **2D-Skizze starten** (1)
- ➤ Fläche wählen (2)

- ➤ **ViewCube-Ansicht: OBEN** wählen (3)

- ➤ **Geometrie projizieren** (4)
- ➤ Erste Strebe wählen (5)
- ➤ **Taste: ESC**
- ➤ Alle Linien markieren

- ➤ **Konstruktion** (6)
- ➤ **Taste: ESC**

- ➤ **Kreis durch Mittelpunkt** (7)
- ➤ Mittelpunkt: Mittelpunkt der oberen projizierten Linie der 1. Strebe wählen (8)
- ➤ Durchmesser: [3] mm (9)
- ➤ **Taste: ESC**
- ➤ **Skizze fertig stellen**

- Baugruppe „BG_Speedboot" -

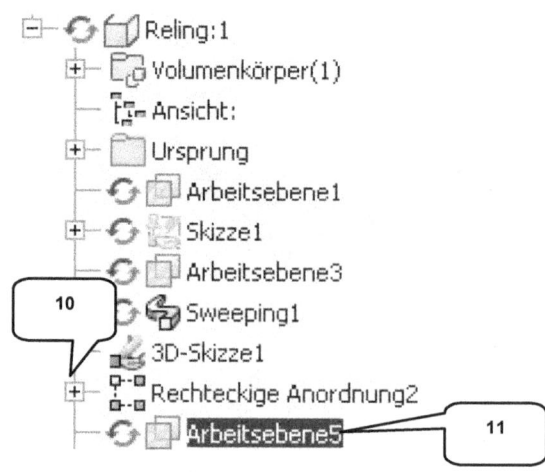

- Rechteckige Anordnung im Modellbaum aufklappen (10)
- 3D-Skizze markieren
- Rechte Maustaste > Skizze wieder verwenden

- Unterste Arbeitsebene im Modellbaum markieren und deren Sichtbarkeit entfernen (11)

12.16 Handgriff sweepen

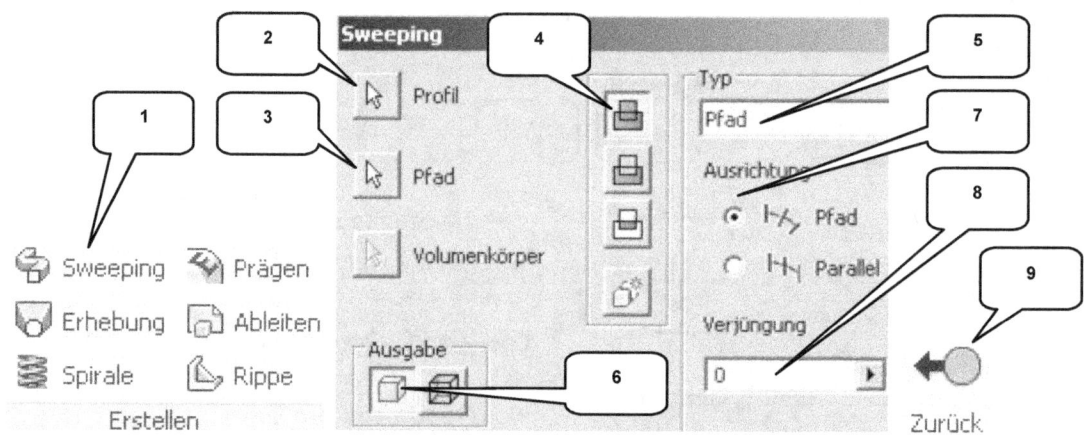

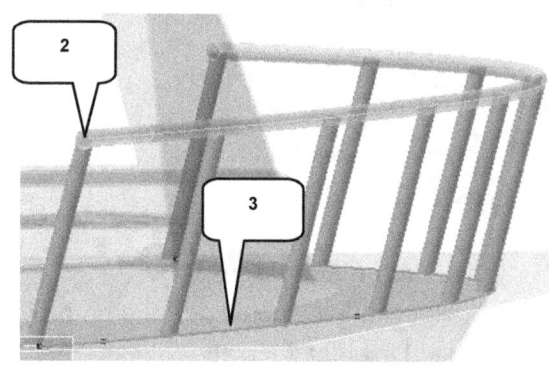

- **Sweeping** (1)
- Profil: Kreis wählen (2)
- Pfad: Linie der 3D-Skizze wählen (3)
- Option: Vereinigung (4)
- Typ: Pfad (5)
- Ausgabe: Volumenkörper (6)
- Ausrichtung: Pfad (7)
- Verjüngung: [0] Grad (8) > **OK**

- 3D-Skizze ausblenden (rechte Maustaste > Sichtbarkeit deaktivieren)
- **Zurück** (9)

12.17 Reling spiegeln

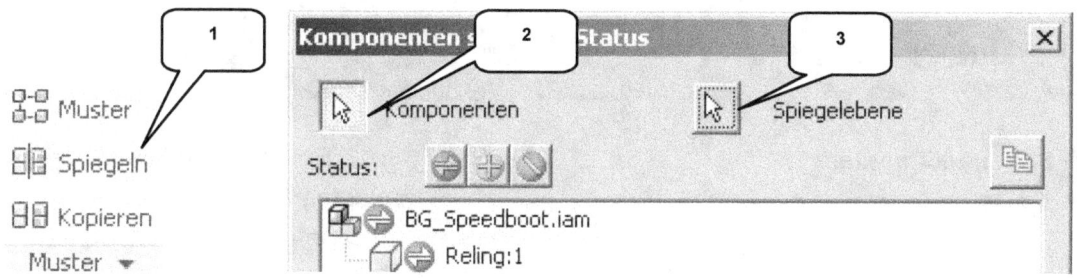

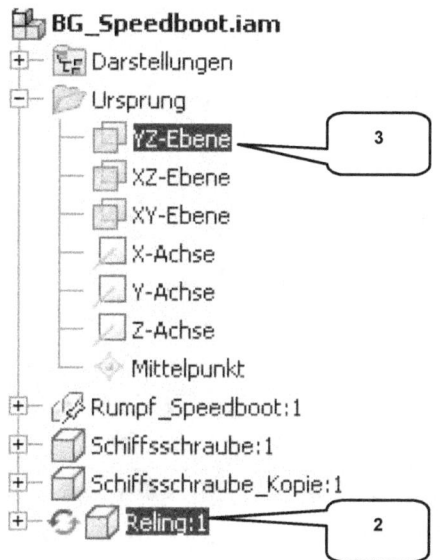

- **Spiegeln** (1)
- Fenster: Status
- Komponente: Reling (2)
- Spiegelebene: YZ-Ebene (3) (Ordner „Ursprung" der Baugruppe)
- **Weiter**

- Fenster: Dateinamen
- Aktivieren: Suffix (4)
- Bezeichnung: [_Kopie] (5)
- Komponentenziel: In Baugruppe einfügen (6)
- **OK**

- Bauteil „Reling_Kopie" im Modellbaum markieren
- Rechte Maustaste > Fixiert

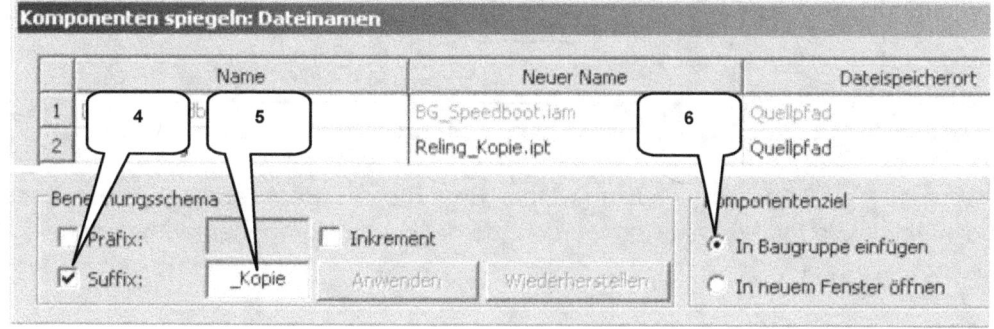

- Baugruppe „BG_Speedboot" -

12.18 Farben zuweisen, Datei speichern

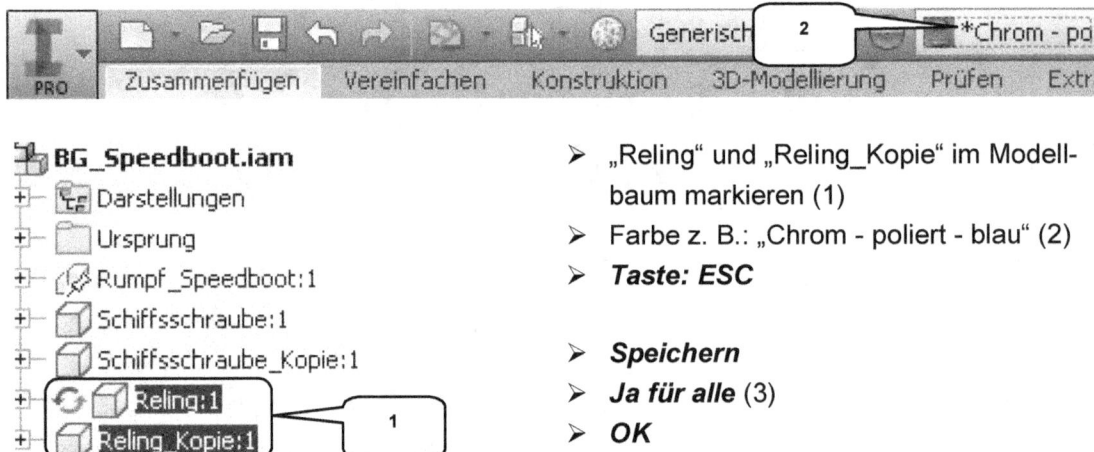

- „Reling" und „Reling_Kopie" im Modellbaum markieren (1)
- Farbe z. B.: „Chrom - poliert - blau" (2)
- **Taste: ESC**

- **Speichern**
- **Ja für alle** (3)
- **OK**

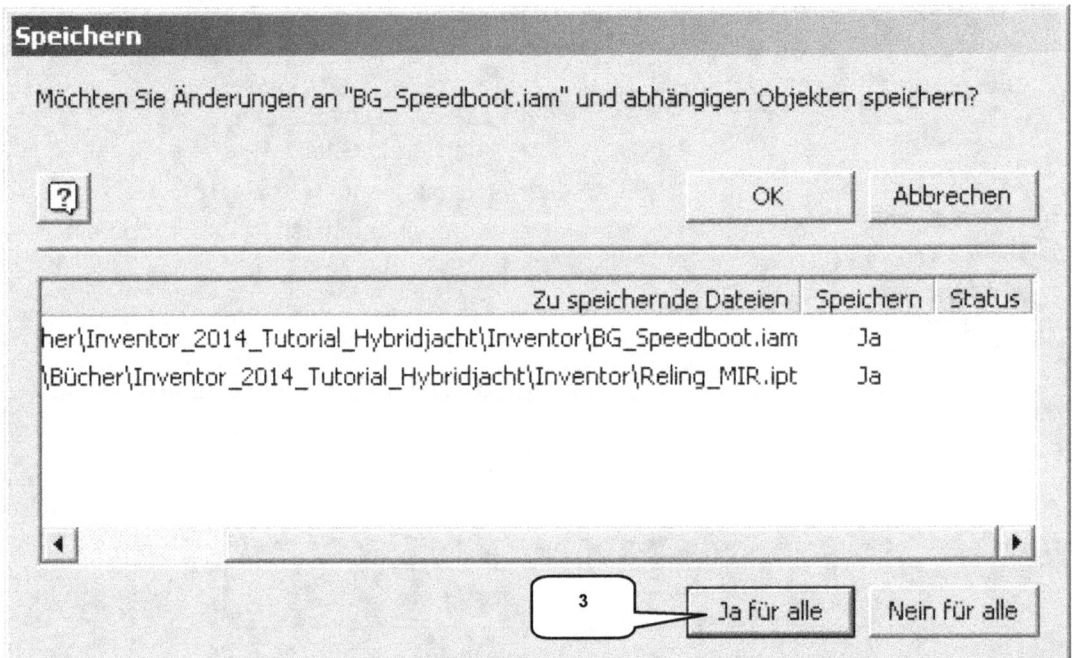

HINWEIS: Wurden neue Komponenten aus einer Baugruppe heraus erzeugt, muss beim Speichern die Option „Ja für alle" aktiviert werden, da die neuen Komponenten neu angelegt werden müssen.

13 Baugruppe „BG_Segelboot"

Agenda

- Kopie der Baugruppe als „BG_Segelboot" speichern
- Schiffsschrauben aus der Baugruppe entfernen
- Bearbeiten der Reling-Höhe aus der Baugruppe heraus
- „Rumpf_Speedboot" durch „Rumpf_Segelboot" ersetzen
- „Mast_Baum_Segel" und „Ruder" platzieren
- Mast an den Aufbauten befestigen
- Ruder am Heck befestigen
- Speichern der Baugruppe

13.1 Baugruppe als „BG_Segelboot" speichern

- **Hauptmenü** (1)
- **Speichern unter** (2)
- Dateiname: [BG_Segelboot] (3)
- Dateityp: *.iam
- **Speichern**

13.2 Schiffsschrauben aus Baugruppe entfernen

- „Schiffsschraube" und „Schiffsschraube_Kopie" im Modellbaum markieren (1)
- **Taste: ENTF** (Löschen)

13.3 Reling-Höhe bearbeiten

- Bauteil „Reling" im Modellbaum doppelklicken (1)
- „Sweeping1" erweitern und „Skizze1" doppelklicken (2)
- Maß „35 mm" doppelklicken und durch den Wert „20 mm" ersetzen (3)

- **Skizze fertig stellen**

- Baugruppe „BG_Segelboot" -

> ➤ **Zurück** (4)
> ➤ (Die Höhe der Reling sollte sich automatisch auf den neuen Wert aktualisieren. Die Kopie passt sich anschließend an.)

13.4 „Rumpf_Speedboot" durch „Rumpf_Segelboot" ersetzen

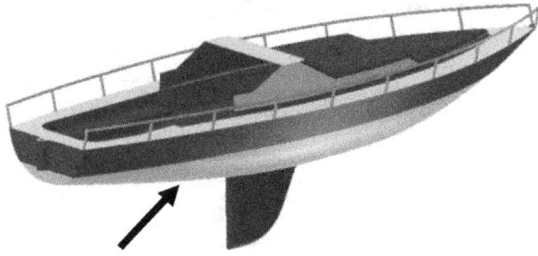

➤ „Rumpf_Speedboot" im Modellbaum markieren (1)

➤ Befehlsgruppe „Komponente" erweitern (2)

➤ **Ersetzen** (3)
➤ (Befehl befindet sich in der erweiterten Befehlsgruppe „Komponente")
➤ Dateiname: Rumpf_Segelboot (4) wählen
➤ **Öffnen**

HINWEIS: Werden Komponenten einer Baugruppe mittels Befehl „Ersetzen" durch eine andere Komponente ersetzt, werden alle Abhängigkeiten übernommen, sofern die geometrischen Bedingungen es zulassen.

13.5 Bauteil „Mast_Baum_Segel" und „Ruder" platzieren

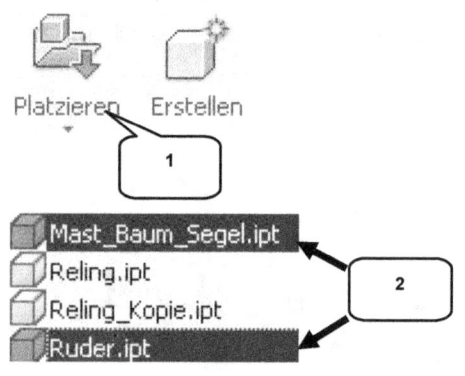

- **Platzieren** (1)
- Auswahl: Bei gedrückter **Taste: STRG** die Bauteile „Mast_Baum_Segel" und „Ruder" markieren (2)
- **Öffnen**

- Beide Bauteile einmal frei im Zeichenbereich ablegen
- **Taste: ESC**

13.6 Mast platzieren

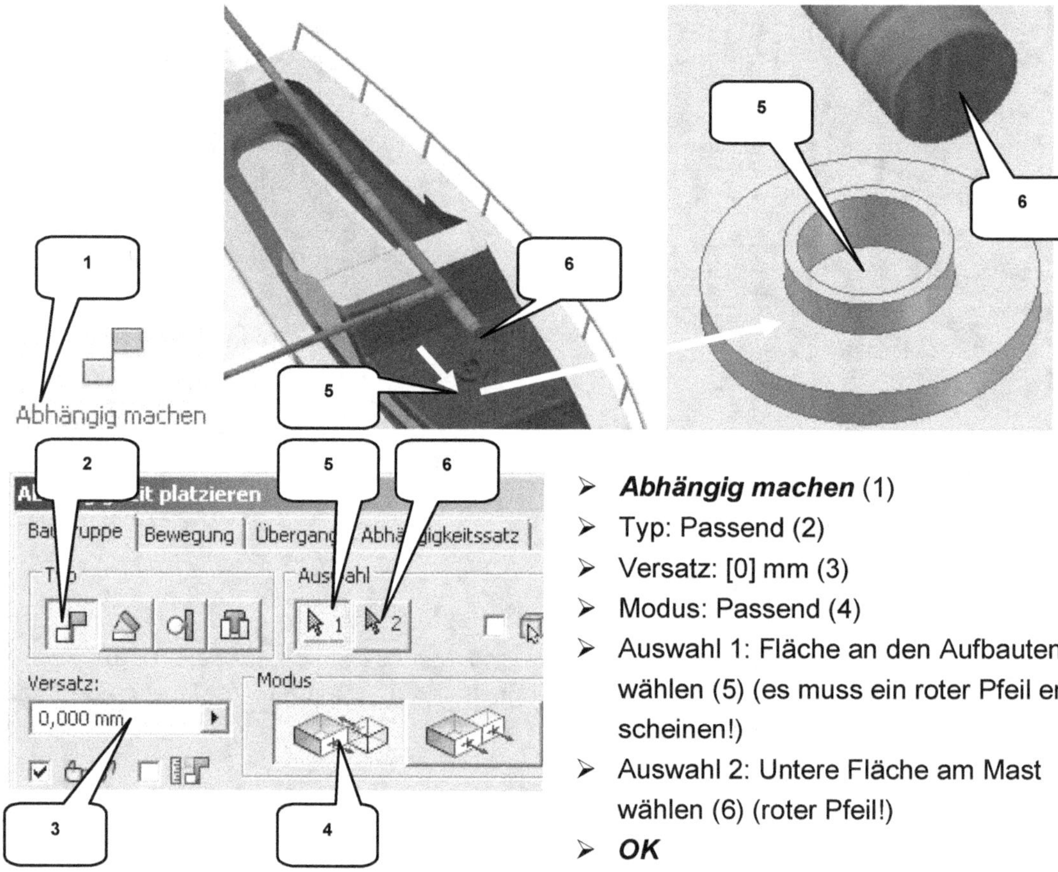

- **Abhängig machen** (1)
- Typ: Passend (2)
- Versatz: [0] mm (3)
- Modus: Passend (4)
- Auswahl 1: Fläche an den Aufbauten wählen (5) (es muss ein roter Pfeil erscheinen!)
- Auswahl 2: Untere Fläche am Mast wählen (6) (roter Pfeil!)
- **OK**

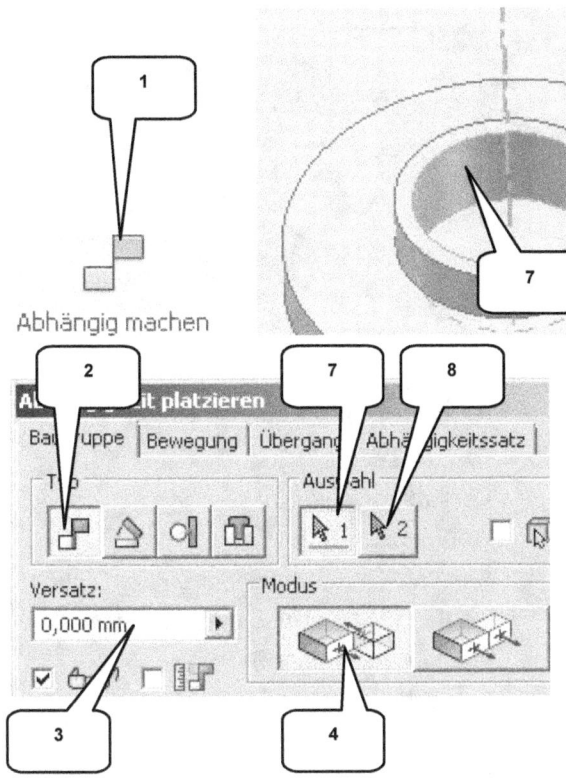

- *Abhängig machen* (1)
- Typ: Passend (2)
- Versatz: [0] mm (3)
- Modus: Passend (4)
- Auswahl 1: Zylinderfläche an den Aufbauten wählen (7) (es muss eine rote gestrichelte Linie erscheinen!)
- Auswahl 2: Mantelfläche am Mast wählen (8) (rote gestrichelte Linie!)
- *OK*

13.7 Ruder am Heck befestigen

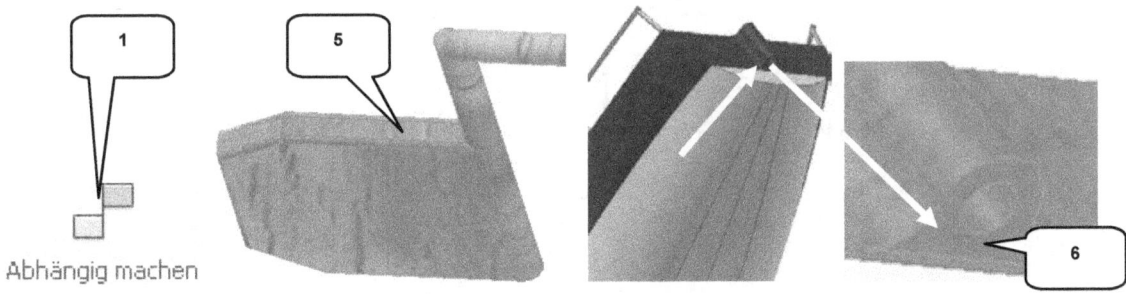

- *Abhängig machen* (1)
- Typ: Passend (2)
- Versatz: [0] mm (3)
- Modus: Passend (4)

- Auswahl 1: Fläche am Ruder wählen (5) (ein kleiner roter Pfeil muss erscheinen!)
- Auswahl 2: Untere Fläche der Ruderhalterung wählen (6) (roter Pfeil!)
- *OK*

- Baugruppe „BG_Segelboot" -

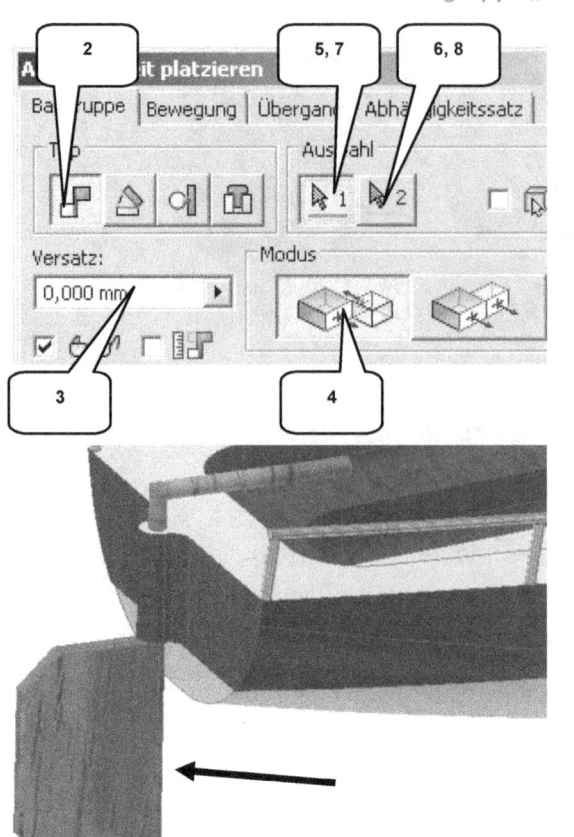

- ➢ **Abhängig machen** (1)
- ➢ Typ: Passend (2)
- ➢ Versatz: [0] mm (3)
- ➢ Modus: Passend (4)
- ➢ Auswahl 1: Mantelfläche des Ruders wählen (7) (es muss eine rote gestrichelte Linie erscheinen!)
- ➢ Auswahl 2: Mantelfläche der Ruderhalterung wählen (8) (rote gestrichelte Linie!)
- ➢ **OK**

13.8 Baugruppe sichern

- ➢ **Speichern** (1)
- ➢ **Ja für alle** (2)
- ➢ **OK**

14 Rendern der Baugruppe

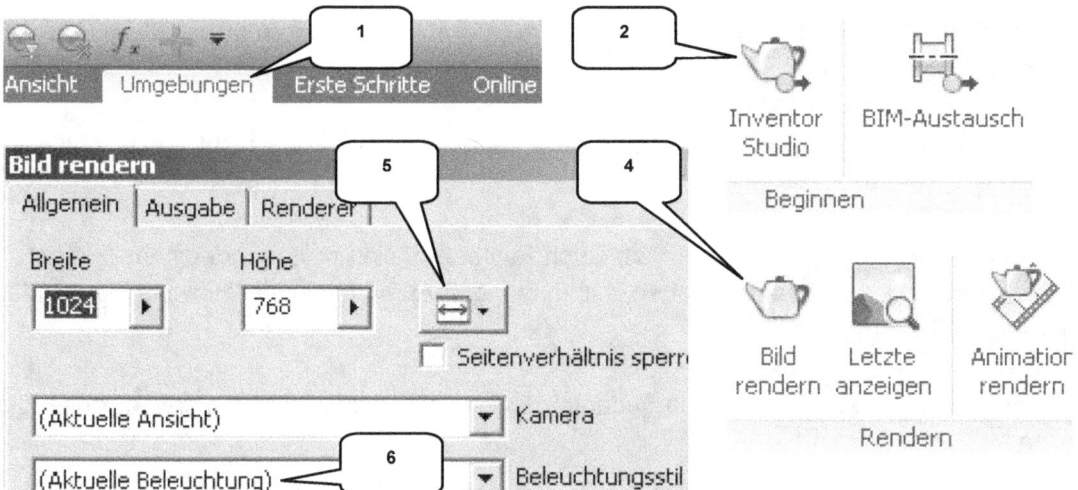

- **Register: Umgebungen** (1)

- **Inventor Studio** (2)
- Ansicht des Segelboots drehen und zoomen, bis eine optimale Größe und Position erreicht ist

- **Bild rendern** (4)
- Reiter: Allgemein
- Breite x Höhe: [1024] x [768] Pixel (5)
- Beleuchtungsstil: Aktuelle Beleuchtung (6)
- **Rendern**

- **Bild Speichern** (7)
- Name: [Bild_1_BG_Segelboot]
- **OK**

15 Schlusswort

Der Autor des Buches hofft, dass Sie bei der Arbeit mit dem Programm und dem Übungsprojekt viel Spaß hatten.

Der Inhalt des Buches wurde sorgfältig geprüft. Leider können Fehler nicht ausgeschlossen werden.

Wenn Ihnen während der Arbeit mit dem Buch Fehler auffallen sollten, oder wenn Sie Ideen zur Verbesserung des Inhaltes haben, ist Ihnen der Autor für jeden Hinweis per E-Mail dankbar.

Konstruktive Anmerkungen können jederzeit an **schlieder@cad-trainings.de** gesendet werden.

Vielen Dank.

*

1. Skizze ausblenden, Hauptachsen projizieren	40
2D-Skizze auf 1. Arbeitsebene erzeugen	43
2D-Skizze auf 2. Arbeitsebene erzeugen	42
2D-Skizze auf 3. Arbeitsebene erzeugen	39
2D-Skizze auf 4. Arbeitsebene erzeugen	37
2D-Skizze auf XY-Ebene erzeugen	44
2D-Skizze für Basiskörper zeichnen	50
2D-Skizze für Dachverstrebung zeichnen	61
2D-Skizze für das Schwert zeichnen	79
2D-Skizze für die Masthalterung zeichnen	81
2D-Skizze für Differenzkörper zeichnen	52
2D-Skizze für Fensteraussparungen erzeugen	64
2D-Skizze für Handgriff zeichnen, 3D-Skizze reaktivieren	122
2D-Skizze für Lüftungsöffnungen zeichnen	56
2D-Skizze für Materialschnitt zeichnen	69
2D-Skizze für Ruderhalterung zeichnen	76
2D-Skizze für Sitzecke zeichnen	71
2D-Skizze reaktivieren, Sitzbereich extrudieren	73
2D-Skizzen einblenden, Ebenen ausblenden	45
3D-Skizze für Anordnung erstellen	121

A

Achsen projizieren und als Konstruktionsobjekte definieren	37
Aktivierung von Autodesk® Inventor® 2016	11
Anforderungen an das Betriebssystem	9
Antriebswelle in Bohrung platzieren	114
Antriebswelle mittels Zylinder erzeugen	100
Anwendungsoptionen (empfohlene Einstellungen)	21
Arbeitsbereich	17
Aufbauten (Segelboot)	67
Aufbauten (Speedboot)	49
Aufbauten abrunden (konstante Rundung)	53
Aufbauten mit einer Wandstärke versehen	55
Aufbauten mit Wandstärke versehen	74

A

Ausrichtung der Schiffsschraube optimieren	114

B

Basiskörper extrudieren	51
Basisrumpf	33
Basisskizze des Baums zeichnen	104
Basisskizze des Masts zeichnen	103
Basisskizze des Ruders zeichnen	86
Basisskizze des Segels zeichnen	106
Baugruppe „BG_Segelboot"	126
Baugruppe „BG_Speedboot"	109
Baugruppe „BG_Speedboot" erzeugen	110
Baugruppe als „BG_Segelboot" speichern	127
Baugruppe sichern	131
Baum extrudieren	105
Bauteil „Mast_Baum_Segel" erstellen	102
Bauteil „Mast_Baum_Segel" und „Ruder" platzieren	129
Bauteil „Reling.ipt" aus der Baugruppe heraus erstellen	117
Bauteil „Ruder" erstellen	85
Bauteil „Rumpf_Segelboot" öffnen	68
Bauteil „Rumpf_Speedboot" erstellen	34
Bauteil „Schiffsschraube" erstellen	92
Bauteile platzieren	111
Bodenbereich der Sitzecke extrudieren	72
Bohrung für Antriebswelle in den Rumpf einbringen	112
Bohrung für Antriebswelle spiegeln	113
Bugspitze mit einer Kugel versehen	60
Bugspitze mit einer Kugel versehen	68

D

Dachverstrebung als Rippe erzeugen	62
Dachverstrebung spiegeln	63
Die ersten Schritte	18
Differenzkörper extrudieren	53
Download des Programms	9
Dritte 2D-Skizze zeichnen	96

E

Ebene für neue 2D-Skizze erzeugen	56
Ebene für neue 2D-Skizze erzeugen	61
Ebenen ausblenden, Datei speichern	66
Ebenen mit Versatz erzeugen	35
Ebenen mit Versatz erzeugen	93
Erste 2D-Skizze zeichnen	94
Erste 2D-Skizze zeichnen	118
Erstellen eines Einzelbenutzerprojekts	31
Erzeugen des Projektordners	7

F

Farben zuweisen	65
Farben zuweisen, Datei speichern	125
Farben zuweisen, Datei speichern und schließen	83
Farben zuweisen, Datei speichern und schließen	90
Farben zuweisen, Datei speichern und schließen	100
Farben zuweisen, Datei speichern und schließen	108
Fensteraussparungen extrudieren	65
Flügel der Schiffsschraube als Erhebung erzeugen	97
Flügel polar anordnen	98

G

Grundlegendes zum Buch	7

H

Handgriff sweepen	123
Hauptmenü	14

I

Installation von Autodesk® Inventor® 2016	8
Installation von Autodesk® Inventor® 2016	11
Installationsvoraussetzungen	10

K

Kopie der Datei als „Rumpf_Segelboot" speichern	55

L

Linienkonturen zeichnen, bemaßen und abhängig machen	40
Lüftungsöffnung einfügen	59

M

Mast extrudieren	104
Mast platzieren	129
Mast, Baum und Segel	101
Masthalterung als Drehobjekt erzeugen	83
Materialschnitt erzeugen	70
Modellbaum (Browser)	16
Multifunktionsleiste	15

P

Pinne abrunden	89
Pinne als Quader erzeugen	87
Pinne mit Gewinde versehen	89
Programmaufbau	13
Programmaufbau und Programmoberfläche	13
Programmhilfe und Neue Funktionen	18

R

Reling spiegeln	124
Reling-Höhe bearbeiten	127
Rendern der Baugruppe	132
Ruder am Heck befestigen	130
Ruder extrudieren	87
Ruder und Pinne	84
Ruderblatt abrunden	90
Ruderblatt fasen	88
Ruderhalterung abrunden	78
Ruderhalterung extrudieren	78

R

„Rumpf_Speedboot" durch „Rumpf_Segelboot" ersetzen	128
„Rumpf_Speedboot" innerhalb der Baugruppe bearbeiten	112

S

Schiffsschraube	91
Schiffsschraube spiegeln	116
Schiffsschrauben aus Baugruppe entfernen	127
Schlusswort	133
Schnellzugriff-Werkzeuge	15
Schwert abrunden	80
Schwert extrudieren	80
Segel als Flächenelement (Umgrenzungsfläche) erzeugen	108
Sitzbereich abrunden	75
Startbildschirm	17
Strebe entlang der Rumpfkante anordnen	121
Sweepen der Strebe	120
Systemanforderungen	8

T

Trennebene erzeugen	54

V

Verschieben einer Fläche	74
Videos und Lernprogramme	19
Volumenkörper abrunden (variable Rundung)	46
Volumenkörper als Erhebung erzeugen	45
Volumenkörper in zwei Hälften teilen	54
Volumenkörper spiegeln	48

X

XY-Ebene sichtbar machen	36

Z

Zeichnen der ersten Linien mittels dynamischer Werteeingabe	37
Zentralen Kugelkopf erzeugen	99
Zielgruppe und Aufbau des Buches	7
Zusatzmodule (empfohlene Einstellungen)	20
Zweite 2D-Skizze zeichnen	95
Zweite 2D-Skizze zeichnen	119

www.ingramcontent.com/pod-product-compliance
Lightning Source LLC
Chambersburg PA
CBHW081117240526
45470CB00019B/2487